▲彩图1　某女装店铺中色彩丰富的侧挂。

▶彩图2　一些色彩较少的品牌会将
侧挂的颜色压缩到一种色，比如单
杆侧挂黑色。

◀彩图3　单杆侧挂黑色+白色，
黑色+蓝色。这种两种颜色组成
的侧挂，在男装和休闲运动品牌
中比较常见。

◀彩图4　三杆侧挂均为浅紫+藏青+白色，共三种色。这种三种颜色组成的侧挂，在女装品牌中非常多见。

▶彩图5　绿色+咖色+白色+咖绿花纹，这样的四种色可以在侧挂中使用，因为色彩主题没有改变。

▼彩图6　这是同一块花面料的几款衣服，这块花面料中包含粉红、西瓜红、暗红和藏青色（大面积）。

▲彩图7 当一种彩色的多款产品出现在我们面前时，我们第一时间是找1~2种基础色来搭配，如图中的浅蓝色，搭配了藏青色+白色。

◀彩图8 色彩对比度本身不高的品牌，侧挂配色需退一步，使用轻对比，如浅粉+白色+卡其色。

▶彩图9 假设图中右边点挂的翠绿色产品仅一款，在库存量中等的情况下，可以将其与同色相的产品（如深绿）陈列在一起，并且将它这样在"其他绿色+黑色"侧挂杆旁边的点挂上，优先销售。

▲彩图10　右边第一杆侧挂的色彩为米色+驼色+深蓝色，第一件点挂则为三色相拼的花色外套，相比起来算是异类。当它有一定的库存量时，可以陈列在点挂第一套，等它断码后，则可以陈列在点挂后面，这就是陈列弱化的操作方法之一。

◀彩图11　某些男装，色彩大多偏基本色，差异性不大，冲突较多的会是着装场合（或叫风格），这时我们需要重点考虑"风格一致性"，即模特与邻近货架出样同一风格的货品。

▶彩图12　这是一张橱窗模特的照片，印花外套+红色镂花连衣裙的内外搭配，这样的搭配是不合适的。

◀彩图13 假设这条花色短裙为主款，根据大面积搭配基础色的原则，上衣应该选择白色或藏青色。

▶彩图14 在大红上衣与花色短裙外面加穿一件黑色外套，使色彩比例变为黑8：红1：绿1，这样搭配就是合适的。这种搭配方法叫作"调和搭配法"。

▼彩图15 主色与配色之间的对比非常明显，构成重对比，比如大红与浅灰。

◀彩图16 主色与配色之间的对比不明显，构成轻对比，比如略有差异的两种粉色进行内外搭配。

◀彩图17 一套搭配上出现三种颜色的对比搭配也很常见。

◀彩图18 女装品牌2~3个模特出样，色彩集中（主款只出一个色彩）。

▶彩图19 左边两模特主色是橘色，右边两模特主色是米色，我们把这种两模特主色一致的情况称为"同色呼应"。

◀彩图20 两模特的主色交叉，我们称之为"交叉呼应"。

▲彩图21 某橱窗的四个模特共穿了六件衣服，没有颜色完全相同的衣服，既有大面积的红色，又有大面积的绿色，很随意，并没有考虑色彩结构的一致性和整体性。

▲彩图22　多模出样时，选择色彩一致性较高（或者不冲突）的衣服会更好一些。

◀彩图23　当店内模特数量高达五个或六个时，女装要讲究色彩构成相同，品类构成有较大差异。

◀彩图24　当店铺陈列超标，陈列不下时，可以进行货品重组，图中即为粉色、紫色和白色重组的色系。

这样陈列才好卖

阿福先生◎著

北京联合出版公司
Beijing United Publishing Co.,Ltd.

图书在版编目（CIP）数据

这样陈列才好卖 / 阿福先生著 . — 北京：北京联
合出版公司 , 2020.6
ISBN 978-7-5596-3924-0

Ⅰ . ①这… Ⅱ . ①阿… Ⅲ . ①服装—专业商店—陈列
设计 Ⅳ . ① TS942.8

中国版本图书馆 CIP 数据核字（2020）第 007290 号

这样陈列才好卖

作　　者：阿福先生

选题策划：北京时代光华图书有限公司

责任编辑：管　文

特约编辑：谢　添

封面设计：零创意文化

北京联合出版公司出版

（北京市西城区德外大街83号楼9层　　　100088）

北京时代光华图书有限公司发行

北京晨旭印刷厂印刷　　新华书店经销

字数236千字　　787毫米×1092毫米　　1/16　　14印张

2020年6月第1版　　2020年6月第1次印刷

ISBN　978-7-5596-3924-0

定价：56.00元

目录

▼ 第一章
点侧挂陈列

第一节　点挂陈列

第二节　点挂相关异议

第三节　侧挂陈列数量及搭配

▼ 第二章
流水台、层板、饰品陈列

▼　第三章

橱窗模特与店内模特陈列

▼　第四章
陈列规划与货品整合

陈列没什么好做的吗?

《好陈列胜过好导购》出版至今已有七年,曾经长期占据同类图书销量榜第一名的位置。但此书仅仅涵盖女装类品牌,一些经营男装、运动服、儿童类服装品牌的读者反映,理解起来有点困难。为照顾到更多"小伙伴",特将此书进行大面积升级。

此次升级,全书以"女装"和"商务男装"为脚本进行答疑解惑,解决陈列师与店长们在日常陈列中遇到的各种问题。至于童装、男女潮牌、休闲、运动、快时尚、鞋类和家居等品类,不过是女装与商务男装的变种而已。

开篇之前,先解决一个问题:陈列没什么好做的吗?

以此为序,源于去年年底的一篇短文——《区域陈列师职责》。我在这篇文章中提到,一名区域陈列师每周的陈列调整次数至少为 20 次。于是有个小伙伴留言:"一个月调 20 次陈列很容易啊,我 30 分钟就能搞定一家店的陈列,重点是陈列没啥好调的呀,陈列做起来也没意思……"

我问:你确定陈列没啥好调的?你这几天调过陈列吗?

他答:调过呀,两家商务男装店和两家童装店。

我问:那你告诉我,两家商务男装店的正装销量占比分别是多少?

他答：这？……（一脸疑惑）

我问：男装休闲外套销售第一品类是羽绒服还是大衣？分别卖了多少件？

他答：啊？……（二脸迷茫）

我问：两家童装店男女童装销量比例是多少？

他答：哈？……（三脸沧桑）

我问：上周女童外套第一品类是什么？

他答：做陈列还要管这些啊？

我说：你不管这些，这陈列是咋调的？凭感觉啊？

他答：不是凭感觉呀，讲美感的！

我问：你在你们公司做陈列多久了？

他答：两年了。

我问：你这两年是怎么过来的？你是如何在这个岗位上待到今天的？

他答：我很忙的，有很多事情要做……（此处省略 N 多字）

是不是很多时候陈列真的没啥好调的呢？30 分钟就能调好一家店呢？是，只是这种情况极为少见，而且必须同时满足以下几个前提条件：

1. 本周无新品上市——若两周或三周上一次新品，中间会有没上新品的时候。

2. 销售结构无变化——如两种类别的产品销售比例长期稳定，预计下周的销售贡献主力与上周相同，无须扩大或压缩陈列面积，也无须变动主力销售区的货品陈列位置。

3. 库存结构无变化——主力销售系列（或品类）的库存仍然最大，这源于下单时赌对了。

条件 1、2 经常出现，但条件 3 却极为罕见，因为畅销的产品卖得快，库存结构必然会产生变化，所以条件 3 只会偶尔出现。也就是说，30 分钟陈列好一家店铺的情况，只会偶尔出现。

三个条件同时产生，这种偶然现象出现在一两家店铺是正常的，但绝对不可能出现在大部分店铺身上。况且，即使偶尔出现，陈列也需要从头捋一遍，绝不是 30 分钟就能搞定的。所以，每周的陈列工作是有很大调整空间的。

案例中的小伙伴说"陈列做起来也没意思"，是因为他觉得调陈列的作用不大，没有成就感。那么，陈列真的没多大作用吗？

我问三个问题，你有过以下三种偶然经历吗？

1. 调整陈列后，销售业绩上升。

2. 主推某款产品后，快速卖断货。

3. 陈列做得简洁大气，平均折扣上升。

以上三种现象对应的分别是业绩、售罄和折扣。陈列能够起到的作用，正是帮助终端店铺实现"销量最大化""库存最小化"和"折让最小化"。而这三项，恰恰是店铺利润的核心三要素，你说陈列的作用大不大呢？

陈列的三大作用：

1. 销量最大化

2. 库存最小化

3. 折让最小化

一名优秀的陈列师，可以让上述三种偶然现象在自己所服务的区域变成必然，概括起来分别是：

1. 帮助终端"销售数量最大化"来提升业绩。

2. 帮助终端"库存数量最小化"来提高售罄。

3. 帮助终端"优质客流最大化"来降低折让（提升平均折扣）。

综上所述，陈列不是没什么好做的，而是大有可为！

写给服装品牌的店长们

各位陈列师朋友、店长朋友：

你们好！

在每周调店铺陈列时，很多店长都经历过或正在经历这样的事情：自己调的陈列无法让自己满意，陈列师到店里调过的陈列自己更不满意，最后只能"试一下"或者"就这样吧"。很多店长一年见证过无数次陈列过程，能让自己满意的陈列结果却很少，这是什么原因呢？

某些店长调陈列时，主要考虑销售业绩，会将主力销售区域（畅销区）、点挂（又叫正挂）和模特（含橱窗模特）作为主战场，其他方面则草草收场。

某些陈列师调陈列时，主要考虑视觉形象，会将橱窗、点挂、侧挂、流水台和饰品区等位置的美观度作为陈列重点，至于模特出样产品的销售与库存情况如何，只是顺便参考一下。

店长关注销售业绩是天经地义的，陈列师关注视觉形象也合情合理，因为视觉形象决定"进店顾客的质量"，而顾客质量高低又影响销售折扣（利润第三要素）。

前面说过陈列的三大作用"销量最大化""库存最小化"和"折让最小化"，分别可以帮助店铺提升业绩、提高售罄和降低折让，而某些店长的陈列对业绩有益，某些陈列师的陈列对折让有利，各抓住了陈列的三分之一，没有顾及整体，这就是你们的陈列无法让自己满意的根本原因。

说到这里你可能会说，如果顾及整体，就能把陈列做到让自己和公司满意吗？就能提升业绩、提高售罄、降低折让吗？

当然不行，仅有顾及整体的意识还不够，还需要有相对应的经验和能力，经验可以用时间（陈列次数）来累积，能力却需要思维拓展来提升。

本书将围绕店长日常陈列工作中的困惑，给大家提供一种解决陈列问题的经验，让我们的经验成为你拓展自身能力的引子！

预祝各位店长事业精进，前程无量！

阿福先生
于中国广州

第一章

点侧挂陈列

| 第一节 |
点挂陈列

问题1·点挂出什么样的货品?

▼ 情景再现

12 月, 冬天, 浙江的一个城市, 某男装品牌专卖店内点挂出样, 多层次搭配中有一个共性——两件毛衫叠穿, 如图 1-1-1。像这种圆领毛衫里面搭配高领毛衫的点挂, 占到十几个点挂的一半以上。

图1-1-1　点挂

鉴于店内销售人员均为 30 岁以上的女性, 我问了她们几个问题:

1. 这样的搭配方式, 成交过吗?

2. 你会让你的老公或男朋友这样穿衣服吗?

3. 进店的男性顾客当中, 有人这样穿吗?

她们给我的答案分别是：没有、不会、没有。

我又问：既然没人这样穿，你们为什么要这样出点挂呢？

她们答：公司要求的，便于增加连带销售。

很显然，公司的出发点是好的，或许有些店铺就这样成交过，只不过浙江的这个城市的顾客不吃这一套。在此我们不讨论这套搭配的大众接受度，只是用这套搭配来引出一个疑问：点挂应该陈列什么样的货品？

▼ 实战演练

图1-1-2　店铺中的点挂

关于点挂出样什么货品，我最喜欢的一个过往案例是这样的：

一家 A 类百货的女装品牌店铺，平日（周一至周五）业绩约 1 万元 / 天，周末（周六和周日）业绩约 2 万元 / 天。某个周五晚上，入职没多久的新店长调整店铺陈列，看起来很漂亮，结果到周六晚上 8 点，才 5000 元业绩，只有上个周六的四分之一。为了搞清楚业绩下降的原因，周六晚上 8 点后，我们守在店铺门口观察顾客，发现了这样的现象：

1. 进店顾客不少，但大多数顾客转一圈就出去了，试穿意愿较低。

2. 进店顾客以 40 多岁的中年女性为主，身材偏胖偏高大的占大多数。

3. 进店顾客着装相对中规中矩，比较时尚有个性的顾客几乎没有。

反观店铺的点挂，都是些年轻、时尚、有个性的款式。因此我们得出结论，新店长出样的点挂与进店顾客不匹配，是周六业绩严重下滑的根本原因。于是，我们让老导购将所有点挂进行更换，第二天周日业绩为 1.7 万元，恢复到正常水平。

那么，店铺约十个点挂的陈列调整，为什么会对业绩产生那么大的影响呢？

原因很简单，以100平方米左右的店铺为例，顾客进店从右场开始绕店一圈，不超过3分钟。这么短的时间，顾客显然无法将全店一两百件衣服看完，但可以将十多个点挂的款式、颜色等信息全部"扫描"到大脑当中。接下来，顾客会将这十多个点挂与自己的喜好相匹配，匹配度高就去试穿一下，匹配度低则出门换一家品牌。

图1-1-3　顾客"扫描"陈列的服装

你想象一下，一名顾客带着一台存储器（大脑）和摄像头（眼睛），从右边走进店铺，摄像头（眼睛）将墙面陈列的服装拍摄成像，传送到存储器（大脑），存储器（大脑）通过内部运算完成匹配，一旦匹配成功，则对拍摄到的货品进行下一步识别。

顾客在"扫描"衣服时，侧挂的衣服仅能看到袖子或侧面，而点挂的衣服能看到正面，比侧挂直观很多，是顾客"匹配成功"的主要参考条件。在"扫描与匹配"这一特征上，男性顾客比女性顾客更突出，年长的顾客比年轻的顾客更明显。

综上所述，点挂就是主卖货品的根据地，在点挂出样的货品选择上必须"对顾客胃口"，这才是提高顾客试穿率的根本！

陈列小妙招

点挂出样的款式选择，直接影响到顾客的试穿率，出样要和大部分顾客匹配。什么款式与顾客匹配度高呢？当然是畅销款。所以，点挂要出畅销款，并且以库存量较大的畅销款为主。

问题2·点挂后面可以陈列货品吗?

▼ 情景再现

10 月，秋冬交替，南方某城市女装店铺，顾客群约 30 岁，店长正带着店员们调整陈列。某店员想将一款货品的两件尺码（两件出样）塞到点挂后面，被店长制止并还原到仅出一组货品（两件）的成套搭配，类似于图 1-1-4 中"卫衣＋短裙"的样子。

图1-1-4　卫衣+短裙

点挂后面可以陈列货品吗？我们拿上面这张陈列照片做一个大胆的假设，假设这件卫衣还有一款黑色,这条牛仔短裙还有一款白色,正好搭配成第二套,那么可以将第二套搭配陈列到上图点挂的后面吗？或者仅仅将黑色卫衣陈列在点挂后面呢？

▼ 实战演练

将某一款货品的第二种颜色陈列在第一种颜色的点挂后面，类似的陈列方式，我们曾经在不同的品牌上都用过，便于员工一同推荐，供顾客二选一。在点挂后面陈列货品，不是任何品牌、任何时候都可以的，大致可分成三种情况。

1.出样4件及以上——点挂后面陈列不下其他货品

目前市场上的休闲、运动、快销品牌均属于这一类，因每日进店的人流量较大，单个款色的尺码出样一般为4件、6件或8件，4件时S、M、L、XL各1件，6件时S、M、L、XL的比例为1∶2∶2∶1。此时出点挂，一个色彩（或一套搭配）即可占满整杆点挂，根本没有第2个颜色的陈列空间。

2.出样2件——点挂后面不用陈列货品

图1-1-4（卫衣+短裙）的点挂搭配，就是2件出样。出2件的品牌很多，由于其SKU（库存量单位，单款单色单码为一个SKU，单款单色为一个SKC）数量和店铺面积都比较适中，店铺陈列面积充裕，一般不需要在点挂后面陈列别的货品。

也有些品牌会觉得2件出样在点挂上会略空，于是给点挂出样3件或4件，并将第2件、第3件的下装挂在上衣后面，这样点挂就满了，根本不用再增加货品了，如图1-1-5。

图1-1-5　点挂出样3件

3.出样1件——部分品牌可以，部分品牌不可以

出样1件的品牌，大多是高价位品牌，因其顾客群属于少数高价值顾客，

整个店铺包括点挂在内的所有地方，均不宜陈列较多货品，所以，点挂后面不宜陈列货品，否则会影响到第一点挂的产品价值感，如图1-1-6。

图1-1-6 点挂出样1件

点挂后面陈列别的货品，只在一种情况下大面积使用，也就是品牌价位不是很高，却依然选择1件出样的品牌，这类品牌SKU较多，经常会导致陈列空间不够用，那么点挂后面就可以利用起来了。

在这类品牌的点挂后面陈列货品时，有三个原则：一是不影响第一套产品的价值感；二是不陈列主力货品（库存量大的畅销款）；三是不陈列新品。

陈列小妙招

在点挂杆尚有陈列空间，且不影响第一点挂的产品价值感时，可以在部分点挂后面陈列货品。一般情况下，尽量不在点挂后面做文章。

问题3·点挂可以搭配很丰富或不搭配吗？

▼ 情景再现

某年春天，北方的一个城市，某女装品牌柜台内，墙面与中场的点挂出样均没有搭配，如图1-1-7。单独一款秋冬大衣和春款小外套的点挂陈列随处可见，随意问一句，店内员工说对面的品牌 Z 也是这样陈列的。

图1-1-7　无搭配的点挂

我过两三个星期去到南方城市，又发现了刚好相反的案例。一家店铺应该是提前上了夏装，小外套不仅搭配了上衣和下装，还搭配了1~3个饰品，可以说搭配极为丰富，和上图正好形成了鲜明的对比，如图 1-1-8。

图1-1-8　有搭配的点挂

有些店长就会被这两种现象困扰住，点挂能否只出单件外套？或者是否一定要搭配很多饰品来增加连带销售？

▼ 实战演练

首先，我们来说说点挂是否可以不搭配，只陈列单件外套，我的答案是——看情况。很显然，前面与品牌 Z 进行对照的品牌是不行的。就拿品牌 Z（西班牙快销品牌）来说，他们是很讲究搭配的，只是因为客流量较大，会将点挂的搭配拆开来，如图1-1-9、图1-1-10、图1-1-11。

图1-1-9　一套衣服拆为两个点挂

图1-1-10　一套衣服拆为外套+内搭+下装

图1-1-11　拆开外套袖子露出内搭和下装

　　事实上，有两种类型的服装品牌，其外套是可以不搭配出点挂的。第一种是客流量特别大的"服装超市型"品牌，顾客太多，搭不过来，比如日本品牌 U，如图 1-1-12。

图1-1-12 "服装超市型"品牌

第二种是客流量特别小的"高单价"品牌，单件陈列凸显其高价格与高价值，如图 1-1-13。有些品牌虽然不是客流量特别小的"高单价"品牌，但也会将店内的高单价产品（礼服或皮草等）不搭配出样。

图1-1-13 "高单价"品牌

抛开这两种情况，中间段的品牌出点挂，都是需要搭配的。接着说另一个问题，需要像图 1-1-8 那样搭配项链、丝巾和皮带在点挂上吗？

这要从点挂的作用说起，点挂是让顾客快速扫描到自己喜欢的货品，并拿去试穿的，点挂货品是顾客"优先试穿"的货品，且是成交概率比较高的货品，从"扫描"到"成交"的过程中，有一个动作叫——"拿去试穿"。

"拿去试穿"分顾客自取和员工拿取，无论是哪种情况，都讲究拿取方便快捷。袖子夹在腰间、腰带收腰、肩背小挂包等过度搭配，会让部分顾客产生以下心理：

1. 不忍破坏。

2. 怕麻烦。

3. 担心货品掉落。

以上任何一种心理，都会减弱"拿去试穿"这个动作的行动力，对点挂货品的销售产生负面效果，故不推荐这么陈列，但一条围巾或者一条项链则影响不大，可以"画龙点睛"地搭配一下。

有些人会问，男装的领带扎在衬衫上，要试衬衫也很麻烦啊，难道点挂不能对衬衫进行搭配吗？

我们只需要将系领带的衬衫陈列在点挂旁边的侧挂里，就不用去解点挂里面的衬衫了。至于点挂系不系领带，要看这套衣服的搭配需要，你完全可以在西装衬衫的点挂上不系领带，如图1-1-14。

图1-1-14　衬衫陈列在侧挂或点挂上不系领带

陈列小妙招

客流量特别大的"服装超市型"品牌（如U）和客流量特别小的少数"高单价"品牌或产品，点挂可以陈列单件外套，中间段的品牌则不可以。任何品牌的点挂都不适合过度搭配和过度造型，搭配个别饰品则是可以的。

| 第二节 |

点挂相关异议

问题4·点挂如何带动滞销款销售？

▼ 情景再现

5月，某家女装店内一杆点侧挂，店长给某一套滞销款出了点挂，那套点挂和下面这套（图1-2-1）有些类似，只是更丰富多彩一些。店长出点挂的原因，是因为库存有点多，担心压货。

图1-2-1　滞销款出点挂

然而两周过去了，那套点挂的销售量依然极少，甚至连试穿的顾客都很少，怎么办？店长当然知道点挂要出畅销款的道理，问题是，滞销款本来就不好卖，不出点挂岂不是更卖不出去了吗？

▼ 实战演练

我们前面说过，点挂货品的试穿概率要比侧挂高很多，出点挂的滞销款依然滞销的原因只有一个：产品的受众面太窄。简单举几个例子：

1. 某商务男装品牌的玫红色西装套装。

2. 某中年女装品牌的露肩露背连衣裙。

3. 某年轻男装品牌的多彩花型羽绒服。

这种产品从一开始就是给小众客群设计的，一般库存量不会很大（如果你订货太多那就没办法了），想通过点挂变成畅销款，几乎是不可能的事情，在它过季之前慢慢平销，甚至卖完它，是唯一可行的结果。那怎么做陈列呢？两个方法。

方法1：出侧挂——精准推荐给小众客群

将这些比较小众的滞销款陈列在侧挂中，如图1-2-2。小众顾客一进入店铺，稍微有点经验的员工就能认出来，他们身上的着装和配饰品会显示个性。

图1-2-2　小众滞销款出侧挂

我们曾经告诉男装品牌的店长，把你的滞销款尽量推荐给那些时尚、有个性的顾客。有些店长就将彩色裤子、皮裤、圆领马甲和彩色西装推荐给这些顾客，效果还不错。

有些人会问，如果我的店铺是设计师集合店，全店都是个性小众款，总不能全部出侧挂吧？

这个问题也很简单，你将大量的畅销款组合在一起，当中也会产生滞销款。同理，你将大量的个性小众款组合在一起，当中也会产生畅销款，那些畅销款就是点挂优先陈列款；受众面最窄的，当然只能出在侧挂中。

方法2：出点挂——和畅销款搭配出样

另一个方法我们最常用，那就是将滞销款与畅销款搭配，出在点挂上。

例如图1-2-3中间的点挂，上衣受众面窄，很容易滞销，可裙子是个畅销款，完全可以让部分顾客成套购买。

图1-2-3　滞销款与畅销款搭配出点挂

久而久之，滞销款就慢慢平销了，直至断码后调店了。我们把这个方法叫作"畅销款+"，即点挂出样时，让畅销款带着库存量较大的平销、滞销款一起卖。顺便教给大家一个小套路，那种非常滞销的"套装"，一定要拆开搭配、拆开陈列、拆开销售。

陈列小妙招

要想让滞销款在点挂上卖起来，必须让畅销款搭配着一起出点挂，这种方法也叫作"畅销款+"，那种滞销款+滞销款的点挂搭配是最低效的。

问题5·点挂需要经常更换吗?

▼ 情景再现

11月，东部某城市一商务男装柜台，店内为数不多的亮色外套几乎全都出在点挂上，包括红色皮衣、白色长款羽绒服、亮黄色大衣和多彩色条纹单西等。

在这种核心顾客在40岁以上的男装品牌中，这些亮色外套无疑都是滞销

款，于是我们便随口一问：这几种衣服出点挂多久了？店长告诉我们有一个
多月了。问为何不经常换一换，她们说这些亮色外套比较好看，出点挂以吸
引顾客。

那么问题来了，点挂是否可以陈列"好看的款式"吸引顾客？点挂需要
经常更换吗？

图1-2-4 "好看的款式"多为设计感强的款式

▼ 实战演练

首先说第一个问题，点挂是否能陈列"好看的款式"吸引顾客？

前面问题1中已经讲过，点挂出样与客群的匹配度，决定了大部分顾客
的试穿意愿，非常直观地影响成交数量与销售业绩。所以，在点挂出样款式
的选择上，多数核心顾客群有试穿与购买意愿的款式，便成为出点挂的主要
考虑因素。不能以"好看"和"吸引顾客"为标准来陈列点挂。

就拿上面的"白色长款羽绒服"和"亮黄色大衣"来说，在40多岁的商
务男装客户群中，试穿与购买意愿都不高，倘若是在少女装品牌中，说不定
能成为畅销款，若是在休闲品牌中，则又是另一种情况。

接着说第二个问题，点挂是否需要经常更换？

有些人会说，既然点挂出样要和核心顾客有较高的匹配度，那我按这一
原则出好之后，是否可以长期不换呢？我的答案是——要看情况。

情况1——款少量多不用经常更换

某些休闲品牌以基本款为主。"款少"做的是深度（多顾客买同款），新鲜感并不是重点，"量多"做的是基本款，主力销售产品（畅销且量大）长时间不变，所以点挂出样较长时间，不用经常更换，只是偶尔需要换个颜色，如图1-2-5。

图1-2-5　款少量多

情况2——款多量少需要经常更换

某些男女装品牌以"流行基本款"为主，事先并不知道是否畅销，要给多个款出点挂的机会，此时又会有三种结果，分别是：

1. 机会抓不住：某些款出点挂一周仍然不卖，就必须更换点挂。

2. 畅销却断货：某些款出点挂很好卖，卖断码就必须更换点挂。

3. 带动其他款：某些款出点挂畅销，还需要带动别的款一起卖，此时就要更换点挂的搭配款。

无论是三种结果中的哪一种，点挂都需要更换。鉴于一天将全场数十个点挂全部换掉的风险较大，故每天更换的点挂数量不多。款多量少的品牌，点挂需要经常更换。类似于图1-2-6的店铺，点挂就需要经常更换。

图1-2-6　款多量少

在服装品牌市场上，还有些品牌介于以上两种之间，如某些男装的正装系列就偏向于"不用经常更换"，好卖的西装永远都是那两套，而休闲系列则略偏向于"需要经常更换"，这一点还源于产品结构是偏向于"款多量少"还是"款少量多"。

陈列小妙招

款少量多的品牌或系列，不用经常更换点挂。款多量少的品牌或系列，需要经常更换点挂。

问题6·出了点挂的衣服还能出模特吗?

▼ 情景再现

某女装店铺柜台，店长将一款连衣裙出在模特身上的同时，还出了一个点挂，同事认为店长此举（一款产品既出点挂又出模特）有些不妥，建议店长更换点挂货品。问题来了，出过点挂的服装，还可以出模特吗?

▼ 实战演练

首先，我们简单说说模特与点挂的相似与不同之处，不知大家有没有这样的经历：

1.顾客看中模特身上的商品，现场脱给顾客试穿，比较费时间。

2.点挂出样成套搭配，给顾客"拿去试穿"比较方便，却不如模特穿着好看。

其实不难看出，模特效果比点挂好，却没有点挂便捷。所以多数时候模特出样是不动的，店铺还会陈列便于拿取的同款商品，如图 1-2-7。

图1-2-7　模特背后的货架陈列

对于仅十来个点挂和七八个模特的男女装店铺来说，重点出样（点挂和模特）的位置本就不多，一个萝卜一个坑，多个萝卜就少了个坑。一款产品既出点挂又出模特，就会有另一款产品失去点挂或模特陈列的位置，所以，店长同事的看法是可以理解的。

一般情况下，特别是某些女装品牌款式众多，会尽量做到"一个萝卜一个坑"，但也有些特殊情况，比如某两款产品库存量过大、销售剩余时间不多时，我们会考虑既出模特又出点挂，如图 1-2-8 中的短袖＋半裙，甚至还会在侧挂中重复出样。

图1-2-8　既出模特，又出点挂

　　这种现象在"款多量少"的男女装品牌中一般比较少见，但在休闲、快销品牌等单品库存量较大的品牌店铺中，是常态，如图1-2-9。

图1-2-9　模特+点挂

　　另外，某些商务男装与运动装品牌则处在中间状态，同时出模特和点挂的现象不是常态，也不会罕见，常常会在调控某款产品的库存量与销售进度时使用，通常是"模特＋点挂＋侧挂"或"模特＋点挂＋叠装"，如图1-2-10。

图1-2-10　模特+点挂+叠装

　　当然也有多个模特与多个点挂同时出样一款产品的极端情况。我们曾经将一款三色的灯芯绒外套大面积陈列强化，从周销 10 件提速到周销近 200 件（其中周末两天销售 143 件），但牺牲了其他款式的部分销售机会。

陈列小妙招

　　出了点挂的衣服，仍然可以出模特，只要看是否有必要，即是否有对此款产品进行"销售进度调整"的必要。

| 第三节 |
侧挂陈列数量及搭配

问题7·一杆侧挂陈列多少件货品?

▼ 情景再现

12 月，华南某城市的一家购物中心女装店铺内，侧挂陈列件数比较多，于是我随手拍了下来，如图 1-3-1。

图1-3-1 侧挂陈列件数达32件

像这种单杆陈列件数达 30 件左右的现象，在现在的女装品牌市场上已经越来越少见了。进店翻看吊牌价格，发现产品价格不高，性价比不错，在这种情况下，单杆陈列件数较多也是可以理解的。

今天我们不讨论这杆侧挂的陈列件数是否过多，仅以这杆侧挂作为引子，说说一杆 1.2 米左右长的侧挂应该陈列多少件货品。（备注：大多数品牌的侧挂长度在 1.2 米左右。）

▼ 实战演练

实际上，一杆侧挂陈列多少件货品，取决于两点：一是出样几个SKU，二是每个SKU陈列几件。品牌市场上主要有以下五种情况。

第一种：约12个SKU陈列12件左右。每个SKU出样1件的女装品牌，单杆侧挂SKU数在10~15个，陈列件数也在10~15件的范围，如图1-3-2。

图1-3-2　单杆侧挂12个SKU，12件

第二种：约6个SKU陈列6件左右。部分定价较高的男女装品牌，一杆1.2米的侧挂只陈列6件，也就是6个SKU，随着上货波段的进入，有时会达到8件，如图1-3-3。

图1-3-3　单杆侧挂6个SKU，6件

　　第三种：约 6 个 SKU 陈列 12 件左右。市场上的品牌用得最多的就是这一种，男装、女装、童装都有，每个 SKU 陈列 2 件，一杆侧挂陈列 6 个 SKU，共 12 件，如图 1-3-4。

图1-3-4　单杆侧挂6个SKU，12件

　　第四种：约 4 个 SKU 陈列 20 件左右。在客流较大的休闲、运动、快销品牌中，每个 SKU 出样 4~6 件，一杆侧挂陈列 4~5 个 SKU，共 20 件左右，如图 1-3-5。

图1-3-5　单杆侧挂5个SKU，25件

　　第五种：约 4 个 SKU 陈列 30 多件。某些价格较低的快销品牌，特别是在打折清货时，每个 SKU 会出样 8~12 件，每杆侧挂出样 4 个 SKU，总件数超过 30 件，偶尔也会有 40 多件。

以上五种情况，一杆侧挂的陈列件数有 6 件、12 件、24 件、32 件等不同情况，而单杆 SKU 在 4~12 个之间。随着品牌竞争越来越激烈，一杆侧挂陈列 SKU 数达 12 个的品牌已经越来越少，基本集中在 4~8 个之间，这是为何呢？

原因很简单——多了看不完。大多数顾客进入店铺后，会用右手翻看侧挂里面的衣服，并且不管你一杆侧挂里陈列了多少个 SKU，顾客最终翻看的 SKU 数量，就只有三五个。此时，一杆侧挂里面的 SKU 陈列数是 10 个、15 个或 20 个，基本上没什么分别，顾客只看得了三五个。

你可能会觉得，一杆侧挂的标准件数是 12 件时，我加到 14 件没问题，加到 16 件也可以，加到 18 件也还行，加到 20 件也没事儿。真是这样吗？

当然不是，"侧挂陈列件数"与"顾客质量"紧密相关，一杆侧挂陈列的件数越多，进店顾客的质量就会变差，销售平均折扣也会下降，销售业绩的长期趋势会走弱。正因如此，我们可以看到，某些品牌会刻意减少陈列件数，以提升顾客质量与销售业绩。

——— 陈列小妙招 ———

1.2 米侧挂的陈列件数，可以参考以下数字：

1. 一杆约 6 件——高单价品牌（倍率 10 倍以上）；

2. 一杆约 12 件——中间价品牌（倍率 4~10 倍）；

3. 一杆约 20 件——低单价品牌（倍率 4 倍以下）；

4. 一杆 30 多件——低单价品牌季末清货时。

问题8·侧挂里面需要套穿搭配吗?

▼ 情景再现

12 月，浙江的一个城市，某中年女装柜台，店铺陈列了很多厚重的外套（类似于图 1-3-6 中女装店铺的样子），很少看到侧挂里面有毛衣等内搭货品，问过之后才知道，她们将内搭都"套穿"到侧挂外套里面了，主推外套，说是更容易出业绩。

图1-3-6　主推外套的女装店铺

虽然这种将所有毛衫等内搭套穿到侧挂衣服里面，把位置腾给外套的做法不多见，但将部分内搭穿进侧挂的现象随处可见，主要有以下三种情况：

1. 货品太多——随着一拨接一拨的新品上架，店铺慢慢陈列不下，店长选择将部分内搭套穿进侧挂外套，好让货品能够陈列得下。

2. 异类货品——某些陈列师会将个别"颜色不合群"的款式套穿到侧挂外套中去，以免影响侧挂的整体效果。

3. 外套需要——某些店长认为，侧挂里某些外套空着不好看，需要一件内搭，就给外套里面搭配了一件衣服。

图1-3-7　外套内搭

那么，在这几种情况下，是否需要将某些衣服套穿到外套中去呢？我的答案是——不可以。原因只有一个：销售概率。

▼ 实战演练

假设一家店铺有100个SKU，点挂上出了10个，侧挂里出了90个。顾客从右边进店，逆时针逛一圈，中途会用右手去侧挂里扒拉几下，三五分钟内，顾客"看到"与"摸到"某件货品，会直接影响到这件货品"试穿"与"成交"的概率。若100名顾客进店，结果很可能是这样的：

1. 点挂概率——某件点挂货品（陈列在畅销区），100名顾客进店，100人都会看到，可能有70人拿去试穿，说不定能成交35人。

2. 侧挂概率——某件侧挂货品（陈列在畅销区），100名顾客进店，80人会走到这杆侧挂处，40人会扒拉一下侧挂的货品，20人会扒到这件衣服的肩膀，10人会取下来看看，5人会拿去试穿，3人会成交。

3. 侧挂里面衣服的概率——某件侧挂套穿毛衫(畅销区侧挂)，100人进店，80人会走到这杆侧挂处，40人会扒拉侧挂货品，20人会摸到这件毛衫的外套，10人会取下来看，5人会拿外套去试，3人会拿外套毛衫一起试，1人会拿毛衫去试，毛衫会有1人成交或零成交。

说到这里，你就会发现，将内搭货品套进侧挂的外套里面，基本等同于给那件内搭货品判了个"死缓"，等同于将它放弃了。很多店长觉得可以靠员工主动推荐，然而员工经常不知道需要的内搭货品在哪件外套里面。所以，不建议在侧挂上进行任何套穿搭配，包括无袖马甲在内。

──────────── 陈列小妙招 ────────────

侧挂里不需要任何套穿搭配,如果你一定要穿,只能将那些"即将被你放弃"的"断码款"和"过季款"穿进去,当季的主销品类是绝对不能穿进去的。

问题9·侧挂里面需要"上下吊挂搭配"吗?

▼ 情景再现

某年秋天,有些小伙伴问到我一个问题——侧挂内上下吊挂搭配,也就是用上下装连接条将上装与下装搭配起来,陈列到侧挂里面,这样合适吗?于是我找了一张非常明显的图片,也就是图1-3-8圈圈中的样子。

图1-3-8　裤子挂在侧挂上衣下面

这样的上下吊挂搭配,本来是出点挂的陈列搭配方式,为什么很多店铺喜欢将它们陈列到侧挂里呢?

1. 货品太短——有些店铺员工觉得,短裤和短裙陈列在侧挂里面很短,短裤、短裙下面就很空,不好看,应该把短裤和短裙用连接条挂到侧挂衣服下面才好看。

2. 上装需要——某些店长认为,侧挂里某些上衣需要搭配好"绝搭"的下装,让顾客试穿时,选择这套"最佳搭配"。

3. 调节节奏感——某些陈列师觉得侧挂里面的陈列要有高低(长短)错落的节奏感,将下装连接在上衣下面,就是人为调节侧挂里的节奏感,让整杆侧挂更好看。

那么,在这几种情况下,是否需要在侧挂中"上下吊挂搭配"呢?我的答案是——不需要,原因还是只有一个:销售概率。

▼ 实战演练

同样假设一条裤子吊挂在某个平销区侧挂上衣的下面，那么100名顾客从右边进店，逆时针逛一圈，中途会用右手去侧挂里扒拉几下，顾客"看到"与"摸到"某件货品，会直接影响到这件货品的"试穿"与"成交"，最后概率可能是这个样子：

1.100名顾客进店，66名走到那条裤子所在的平销区。

2.走到平销区的66名顾客中，44名会用手扒拉几下这杆侧挂。

3.扒拉这杆侧挂的44只右手，有22只会扒拉到这条裤子所配上衣的肩膀。

4.扒拉到上衣肩膀上的22只右手，有11只会将这件衣服取下来看看。

5.取下衣服的11名顾客，发现下面还吊着一条裤子，有5名会放回去，有6名会对上衣有点兴趣。

6.对上衣有兴趣的6名顾客中，有3名会让员工拿给自己试穿一下，其中有1名会让员工拿整套给自己试穿一下。

7.试穿上衣的3名顾客中，有2名购买了上衣，那条裤子成交1条或零成交。

综上所述，你会发现，将下装吊挂在侧挂的上衣下面，基本等同于给那件下装货品判了个"无期"。靠着员工成套推荐，还不如指望员工"看客拿衣"靠谱（即看到顾客下半身体形，主动推荐合适的下装）。所以，不建议将任何一件下装吊挂到侧挂下面，包括短裙与短裤，当然，重复出样或过季产品没关系。

陈列小妙招

侧挂里不需要任何"上下吊挂搭配"，如果你一定要做，只有那些被你放弃的"重复出样"和"过季款"可以这么做。

| 第四节 |
侧挂陈列道具

问题10·侧挂里面需要用S钩吗?

▼ 情景再现

前不久，有位小伙伴进入一家女装品牌负责陈列工作，发现各店铺的侧挂里面都使用了一种道具——"S"形钩（简称 S 钩），使用起来极不规范。他想统一 S 钩的使用方式，留言问我怎么办。我也发现 S 钩的使用极其广泛，覆盖的品牌很多，而且长的短的都有，如图 1-4-1。

图1-4-1　S钩的使用

S 钩这种道具最早出现在牛仔品牌中，是在侧挂当中挂牛仔裤的，和图1-4-2 中挂牛仔裤所用的"C"形钩类似，好处是用较少数量的牛仔裤陈列出一杆丰满的牛仔侧挂，如图 1-4-2。

图1-4-2 "C"形钩

S钩第一次在女装品牌中出现，应该是在2007—2010年之间。我们最早发现它时，那个女装品牌的服装只有黑、白、灰、米、咖、驼等基本色，一件彩色的都没有。

如果从色彩的角度来看这家女装的侧挂，可谓是一点亮点都没有，反而是S钩挂着饰品陈列在侧挂中很有新意。

恰恰在那几年，该"素色品牌"销售业绩非常好，成了很多女装品牌学习的对象。从此以后，S钩开始走进"千家万户"，各年龄层次的女装都涵盖其中，如图1-4-3。

图1-4-3 S钩在女装中的使用

▼ 实战演练

那么问题来了，这种S钩的作用到底是什么呢？目前来看，市场上各服装品牌的用法主要有如下几种：

1. 悬挂饰品——某些陈列师想将包（手袋）陈列到侧挂当中去，如用衣架或裤夹，都会对包造成损伤，S钩就可以做到在不伤包的情况下，将包挂到侧挂中去（如图1-4-4①）。

2. 调节节奏——某些陈列师觉得侧挂里面的衣服长短相差不大，高低错落没有做出来，不好看，于是用S钩（或长S钩）将某些货品降低，形成高低节奏感（如图1-4-4②）。

图1-4-4　S钩的用法

知道了S钩的作用，那么问题来了，侧挂里面需要放低某些货品的陈列高度吗？侧挂里面需要陈列饰品吗？

1. 不用降低高度——衣服本身有长款有短款，无须刻意拉开长短差距，况且长短差距在侧挂中根本不重要。另外，侧挂陈列的高度直接与"产品价值感"有关，我们甚至会调高侧挂来陈列高单价产品。

2. 95%以上的品牌侧挂不用饰品——除了极少数色彩极其单调的男女装品牌以外，休闲、运动、快销、童装、高单价、商务男装和多姿多彩的女装等95%以上的品牌，均不用在侧挂中加入饰品。

S钩的大面积出现，源于大家的从众心理：一方面觉得业绩好的品牌，什么都是好的，另一方面觉得优秀品牌用了，我们也要用。很少有人会思考一下，那个东西适合我们的品牌吗。

侧挂里不需要S钩，除非你的整排货品色彩极其单调，并且价格还不高。

问题11·侧挂里面需要用长钩裤夹吗?

▼ 情景再现

不知从何时起，女装品牌开始流行使用长钩裤夹，一条长长的裤夹将裤子夹在下方，挂在侧挂的上衣或外套后面，组成一套衣服，如图1-4-5。

图1-4-5　长钩裤夹

▼ 实战演练

这样的侧挂搭配，和"上下吊挂搭配"有些相似，不同之处是：

1. "上下吊挂搭配"在外套里面，比长钩裤夹搭配在后面更贴切。

2. 长钩裤夹在后面，比起搭配在里面，拿取更方便。

那么，这是否说明侧挂里的裤夹都应该用长钩？当然不是。这要从长钩裤夹的作用说起，有些人认为长钩裤夹的作用是让侧挂形成高低错落感，其实，长钩裤夹的真正作用是——正面展示有设计感的裙子或裤子，如图1-4-6。

图1-4-6　请记住几个词：裙子、裤子、设计感、正面展示

请看上面这张图的两套点挂，都是短袖上衣搭配中等长度的短裙或短裤。试想一下，将这两款中等长度的下装用连接条搭配到上衣里面去，被上衣的衣摆挡住一部分，核心卖点（中等长度的设计）还能看到多少？

于是乎，将下装向右移动"半个肩宽"，安装一支点挂钩，再用长钩裤夹将下装挂到点挂钩上，"半距双点挂"就应运而生了。这样做的好处既是整套展示，也是完整展示下装设计点。

所以，"长钩裤夹"与"半距双点挂"是为某些"有设计感的下装"准备的。如果将"半距双点挂"当"双点挂"使用，就会造成两套衣服半身重叠，变成了这个样子，如图1-4-7。

图1-4-7　将"半距双点挂"当"双点挂"使用

从市场上各个服装品牌对长钩裤夹的使用情况来看，基本上都是用来形成高低错落感，我们前面也说过，侧挂中的高低错落感并不重要，自然也就不需要用长钩裤夹了。

有些人可能会问，如果不将长钩裤夹用到侧挂里，而是像你所说的那样，用来展示"有设计感的下装"，如何呢？

很显然，在侧挂中展示任何下装，用普通短钩裤夹就可以了，如果要在点挂中展示，就需要安装"半距双点挂"。为了这种"时有时无"的少量款式而去定制货架有点不值得，况且还有其他陈列方法。

方法1：陈列在点挂上衣前面——某些年轻品牌的下装，可以挂在点挂连接条的上部，如图1-4-8。

图1-4-8　下装陈列在点挂上衣前面

方法2：陈列在侧挂里——"很有设计感"的下装，大多比较小众，很难成为畅销款，这些款式一般库存量不大，出不出点挂都没关系，只需要正常陈列在侧挂中就行，你想将它正面出样时，就将它搭配到模特身上去即可。

――――――陈列小妙招――――――

侧挂里面不需要长钩裤夹，店铺也不需要"半距双点挂"，任何时候都不需要。

问题12·侧挂与中岛的衣架朝向哪一边？

▼ 情景再现

这几年走访各地商场的服装品牌店铺，我刻意关注了一个小细节——衣架朝向（侧挂衣服正面朝向），发现了一个有趣的现象，90%以上的国内外品牌的衣服朝向是混乱的，随便看一张图片：

图1-4-9　某店铺陈列

上面这张照片，你能看出这家店铺的衣服朝向规律吗？就这三支侧挂杆，我们可以有如下解读：

A.朝着点挂方向（杆1和杆2）

B.朝着入口方向（杆3）

C.朝着顾客来的方向（杆1和杆3）

D.朝着顾客顺手方向（杆2）

▼ 实战演练

如果让你来选，A、B、C、D四种你会选哪一种？无论选哪一种，都不能完全解释杆1、杆2和杆3的朝向，对不对？

是的，因为没有统一的标准。

在衣架可以有几种朝向的情况下，不同的人会有不同的理解，这正是全国90%以上品牌衣架朝向混乱的根本原因。那么，衣架到底应该朝向哪一边呢？依据是什么呢？

这要从顾客的行为习惯说起，我们大多数人的习惯是用右手，顾客进入服装品牌店铺也是有行为习惯的，分别是：

从右边逆时针行走。约80%的顾客进店会往右边走，沿墙面向左边逆时针绕圈行走，三五分钟绕完。

右手扒拉侧挂。大部分顾客在看侧挂时，会用右手扒拉侧挂衣服的肩膀位置。

图1-4-10 顾客行为习惯

扒开衣服看前面。在看到心仪的色彩或品类时，会扒开衣服看前面。

图1-4-11 顾客行为习惯

看中款式看整体。看到衣服前面的款式符合心理预期时，会拿住衣架肩膀，取下衣服，看整件衣服的特点。

此时，衣架的正面朝向，是顾客的左手方向，这也正是最符合顾客行为方式与习惯的朝向（如图1-4-13箭头所示）。若朝向顾客右手方向（图1-4-13第1杆侧挂），那么顾客取下衣服看整体时，看到的是衣服背面。

图1-4-12　顾客行为习惯

图1-4-13　衣架的正面朝向与顾客的行为习惯

　　你一定会问，像上图这样入口右边的侧挂，如果朝向顾客左手，那么第一件货品是背朝顾客的，对不对？其实这种"内凹"的侧挂架是不用担心的，主要要考虑"外凸"的第一件衣服，如图1-4-14标记的连衣裙。

图1-4-14　"外凸"侧挂架

这种"外凸"的右边第一杆，也是有解决方法的，我们可以人为地将第一件变成点挂，在空间允许的情况下，甚至还可以加模特，如图1-4-15右边第一件即为点挂。

图1-4-15　将右边第一件设为点挂

当然，一家店铺装修之前，店长或陈列师都应该可以拿到店铺设计师的平面图，你只需要让设计师将"点侧挂排列结构"从下图B修改为下图A即可，理由就是顾客先看点挂后看侧挂。

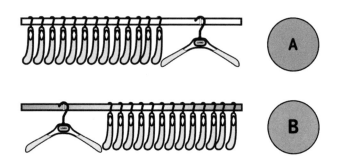

图1-4-16　点侧挂排列结构

综上所述，墙面侧挂衣服朝向，统一朝向顾客左手方向。至于说中岛架，在两边都可以站顾客的情况下，只需要考虑顾客多的那一边即可，如图1-4-17。

图1-4-17　中岛架侧挂衣服朝向

陈列小妙招

　　侧挂衣架朝向顾客左手方向（即图1-4-9中杆2的方向），这是最符合大多数顾客行为习惯的方向，就像我们习惯用右手刷牙和写字一样。

侧挂色彩陈列

问题13 · 侧挂里的色彩如何把控?

▼ 情景再现

某天,一个小伙伴给我发来了一张年轻女装的陈列图片(没保存),色彩比较丰富,有点类似于彩图1的样子,他觉得侧挂色彩太多,想减少每杆侧挂的色彩数量。

这个小伙伴还说,他在减少侧挂色彩数量时,被店铺员工告知,一杆侧挂不管是五种颜色还是七种颜色,都是设计师的原搭,不可以拆开陈列。他问我,店铺陈列时一定要按设计师的色彩结构陈列吗?哪怕色彩太多也不能拆开陈列吗?

▼ 实战演练

在设计服装时,流行色是很多设计师会考虑的一个因素。某些品牌常常只会选取一个流行的彩色(再加基本色),某些品牌甚至一个流行色都不用,这两种现象在"跑量"的品牌中比较常见。而某些"款多量少"的女装品牌不仅会用到多种流行色,甚至会将多种流行色当中的彩色放到一杆侧挂当中。

货品陈列在店铺中,最先影响顾客目光的就是色彩(某些男装是品类),色彩过多有两点坏处:

1. 降低了产品价值感——一杆侧挂的色彩太多,可能会让某些3000元的产品看起来像1000多元的。这会间接降低顾客质量,最终影响到平均销售折扣与业绩。

2. 降低了选择成功率——老练的店长会知道一个窍门，让顾客在提前看好的两三套衣服中挑选，比顾客在全店新品中挑选的成功率更高，原因就是给了较少的选择，提高选择成功率。同样的道理，侧挂中色彩选择太多，就等于选择性过于分散，降低了每一个色彩的选择成功率。

综上所述，侧挂的色彩是必须控制的，那么如何控制呢？方法如下：

方法 1——侧挂一种色。 极少数色彩较少的品牌会将侧挂的颜色压缩到一种色，参见彩图 2。

方法 2——侧挂两种色。 两种颜色组成的侧挂，在男装和休闲运动品牌中比较常见，参见彩图 3。

方法 3——侧挂三种色。 三种颜色组成的侧挂，在女装品牌中非常多见，参见彩图 4。

有些人会问，那一杆侧挂可不可以使用四种色呢？看情况，如彩图 5 的绿色＋咖色＋白色＋咖绿花纹，这样的四种色就可以，因为色彩主题没有改变。

彩图 5 基本上已经达到了侧挂色彩的极限（四种色），其中有一种花色、一种彩色和两种基础色。在店铺实际的侧挂陈列上，基础色选错会出现问题，所以，不建议大家挑战侧挂色彩的极限，2~3 种颜色是最为常见和稳妥的。

───（ 陈列小妙招 ）───

侧挂的色彩要控制在 2~3 种，一般情况下不要使用四种色或一种色，更不要出现 5~10 种色。

问题14·侧挂里的色彩如何搭配?

▼ 情景再现

秋季的某个晚上，某品牌的店长给我发了一张侧挂的照片，侧挂里面有红色和黄色的衣服陈列在一起。

店长告诉我，她学习过专业的色彩知识，红色和黄色是可以搭配的，属于"类似色配色"，况且很多横幅都是红黄配色的，领导却说她这样的配色是"番茄炒蛋"。店长现在很困惑，侧挂里面的红色与黄色到底能不能搭配？

▼ 实战演练

首先，色彩学的涵盖面是非常广泛的，服装色彩搭配只是其中很小的一部分。红色与黄色当然是可以搭配的，只不过在服装搭配中很少使用，偶尔搭配在人身上时，还需要拉开面积比，如9：1或8：2。

至于侧挂，就得另当别论了。一杆侧挂相当于1~3套搭配，和人穿衣服一样，像红色、黄色、绿色等耀眼的色彩重点，只能有一个或者一个都没有，重点太多就等于没有重点，所以侧挂里面不能红黄配。

问题13中说过，侧挂的色彩数量要控制在2~3种比较好（在不改变色彩主题的情况下可以用四种色）。当侧挂仅一种色时，是不用考虑色彩搭配的，需要考虑色彩搭配的，只是用两种色或三种色的时候。那么问题来了，用2~3种色时，侧挂色彩如何搭配呢？

首先，我们要给色彩分类，我们将服装色彩分为三种：

1. 彩色——不同程度的红色、橙色、黄色、绿色、蓝色、紫色等，包括粉红、大红、玫红、酒红等颜色。

2. 基础色——不同程度的黑色、灰色和白色，再加上常用来搭配的米色、咖色、驼色，这些就叫基础色。我们通常也将暗红色、深墨绿色、藏青色、酱紫色等无限接近基础色的颜色划入基础色，用来作为搭配色。

3. 花色——多个不同颜色出现在同一件衣服上，就是花色，包括花纹、格子、横条、竖条、印花、图案、多色拼接等各种各样的多色服装。

我们在为侧挂配色时，是有顺序的，首先配花色，其次配彩色，最后配基本色，下面按顺序说说侧挂色彩搭配原则。

1. 花色配色

当同一块花面料的几款衣服出现在我们面前时，我们会第一时间从花衣服上提取两种颜色（优先一种主要彩色＋一种大面积基础色），如彩图6这块花面料中包含粉红、西瓜红、暗红和藏青色（大面积），那么这个花色（暂且叫它青红花）的侧挂配色，至少有几种方案：

  方案 A：青红花 + 粉红 + 藏青（如彩图 6 左边侧挂）

  方案 B：青红花 + 西瓜红 + 藏青

  方案 C：青红花 + 粉红

  方案 D：青红花 + 西瓜红

  方案 E：青红花 + 藏青

花色产品的侧挂配色，一般选择身上的 1~2 种色来搭配，选择提取两种净色来搭配时，有深浅对比或亮暗对比的比较好。

2.彩色配色

当一种彩色的多款产品出现在我们面前时，我们第一时间是找 1~2 种基础色来搭配，如彩图 7 中的浅蓝色，搭配了藏青色 + 白色，其实它还有许许多多的配色方案：

  方案 A：浅蓝色 + 藏青色 + 白色（如彩图 7）

  方案 B：浅蓝色 + 藏青色 + 米杏色

  方案 C：浅蓝色 + 藏青色 + 灰色

  方案 D：浅蓝色 + 黑色

  方案 E：浅蓝色 + 黑色 + 白色

  方案 F：浅蓝色 + 深灰色 + 白色

彩色产品的侧挂配色，一般选择身上的 1~2 种基础色来搭配，选择提取两种净色来搭配时，有深浅对比或亮暗对比（重对比）的比较好。当然也有少量品牌的色彩对比度本身不高，侧挂配色则退一步，使用轻对比，如彩图 8 中的浅粉 + 白色 + 卡其色。某些男装的黑色 + 深灰配色，也是轻对比。

3.基础色配色

花色与彩色的侧挂配完之后，就只剩下基础色搭配基础色了，这是侧挂色彩搭配中最简单的一种，如黑 + 白，黑 + 米，白 + 灰，白 + 黑 + 米，白 + 米 + 藏青等等，就不配图了。

侧挂色彩搭配需按照花色、彩色、基础色的顺序来配色,可配色彩的数量为:

花色——可配一种彩色 + 一种基础色,或者 1~2 种基础色

彩色——可配 1~2 种基础色

基础色——可配 1~2 种基础色

为了让产品互相衬托,侧挂色彩搭配优先考虑重对比,如深色 + 浅色或亮色 + 暗色,无法使用重对比时,才使用轻对比,如黑色 + 深灰,白色 + 浅蓝等。

问题15 · 侧挂里的异类只能收仓退货吗?

▼ 情景再现

某家女装品牌店铺,店长在得知老板(总经理)第二天即将过来巡店时,急忙将店铺内几件杂色衣服收仓,并安排员工连同库存一起打包退货,原因是这些异类货品(杂色)影响陈列效果,担心被老板批评。那么问题来了,将侧挂中的异类货品收仓退货可以吗?

▼ 实战演练

任何货品,不管多么不合群,发到店铺都是有一定库存的,都需要消化掉。仅仅因为某些货品不好陈列,担心领导批评就将其收仓甚至退货,是不妥的,这和某些员工太有个性不合群,老板就将其辞退是一个道理。我们要知道一点,货品发到店铺是用来销售的,不是用来合群的。

那么,那些异类货品应该如何陈列呢?结合它的可销售时间和库存数量,我们有如下几种陈列方法:

方法 1:重组一杆货

假设某店铺中的橘白色圆点连衣裙仅有一款,且全店没有其他橘色产品,那么此款连衣裙就成了异类。此时,若库存量较大,我们完全可以围绕此款

产品重组一杆侧挂，一是将此款产品重复出样 2~3 件，二是增加几件白色，三是增加几件黑色。这样就可以重组成品类结构完整的一杆侧挂，甚至可以同时出模特或点挂。

方法 2：点挂主推（侧挂无此色）

假设彩图 9 中右边点挂的翠绿色产品仅一款，在库存量中等的情况下，可以将其与同色相的产品（如深绿）陈列在一起，并且将它出样在"其他绿色 + 黑色"侧挂杆旁边的点挂上，优先销售。

方法 3：陈列弱化

彩图 10 右边第一杆侧挂的色彩为米色 + 驼色 + 深蓝色，第一件点挂则为三色相拼的花色外套，相比起来算是异类。当它有一定的库存量时，可以陈列在点挂第一套，等它断码后，则可以陈列在点挂后面，这就是陈列弱化的操作方法之一。

当货品快过季时，生命周期即将结束，依然滞销的异类货品，就可以收仓调店或退货了，把位置腾给后面上架的货品。

─── 陈列小妙招 ───

异类货品前期可以重组一杆侧挂来扩大陈列面积，中期出点挂来强化陈列位置，后期可以出在点挂后面等位置来弱化，末期滞销时才可以收仓退货。

| 第六节 |
侧挂品类陈列

问题16·侧挂一定要成套搭配吗?

▼ 情景再现

　　某日下午，微信上收到一位学员发来的一张陈列照片，其中有一杆侧挂仅陈列了几件大衣，类似于图1-6-1的样子，该学员问我这样是否不妥，是否应入搭配款进来才完整?

图1-6-1　一杆侧挂仅陈列几件大衣

▼ 实战演练

　　店铺这样陈列时的客观环境，我们并不知道，所以无法判断这种侧挂是否欠妥，但由此我们也要思考一类问题：侧挂一定要搭配吗?侧挂可以不搭配吗?

首先，侧挂里面的搭配方式一般分为两种（穿进外套里面的不算）：

1. 上下搭配（上装＋下装，内搭＋外套＋下装）。

2. 内外搭配（内搭＋外套）。

那么回到问题上来，侧挂里面一定要上下搭配或内外搭配吗？不搭配行不行？

越来越少的品牌会将单杆侧挂的 SKU 数量陈列到 9~15 个，一杆侧挂大多在 4~8 个之间，那么这 4~8 个当中，会有几件内搭？几件外套？几件下装？几件连衣裙呢？它们之间是相互可搭配比较好，还是不搭配比较好呢？

毫无疑问，同一杆侧挂当中的内搭、外套和下装之间，能够搭配当然是最好不过了。比如说某个快销品牌 Z（西班牙品牌）的侧挂，品类结构经常是外套＋下装＋内搭＋连衣裙的可搭配方式，如图 1-6-2。

图1-6-2　外套+下装+内搭+连衣裙

那么是不是说，大家的侧挂都要像这样搭配呢？当然不是，不同陈列逻辑的品牌，侧挂陈列的搭配方式也是不一样的，基本上有 3 种陈列逻辑。

1. 品类陈列——侧挂无搭配

某些休闲品牌一款多色出在一杆侧挂里，出样件数也多，没有搭配空间，这类品牌最典型的代表是日本品牌 U，它就像一家服装超市一样，完全分类陈列，先分男装、女装和童装，然后再分毛衫、大衣、羽绒服等品类。

此类陈列方式，与大型生活超市是相似的，因其单款的出样件数较多，一杆侧挂往往只能陈列一款产品的 2~3 种颜色，根本就没有搭配款的陈列空间，如图 1-6-3 圈内侧挂。

图1-6-3　一杆侧挂陈列同一款产品

2. 搭配陈列——侧挂 1~3 套搭配

处在中间层的 80% 左右的品牌，侧挂的品类丰富，可搭配 1~3 套衣服，给顾客提供一种现成的搭配建议，这和单件出样还是双件出样没有关系，如图 1-6-4、图 1-6-5、图 1-6-6。

图1-6-4　单件出样，2~3套搭配

图1-6-5　双件出样，2~3套搭配

图1-6-6　多件出样，1~2套搭配

3. 单品陈列——可搭可不搭

某些高单价品牌或产品，单品价格较高，品类结构很多时候是不完整的（比如说某个高单价品牌从来没有T恤、牛仔裤、连体裤、棉服等品类），单品陈列的现象经常出现，如礼服、皮草、大衣等，此时就无须搭配，如图1-6-7右边第一杆侧挂。

图1-6-7　右边第一杆侧挂为单品陈列

当某些客观现象发生变化时，我们又可能会将某件高单价产品与其他产品搭配陈列，所以价格较高的品牌或产品，侧挂里面可搭可不搭。

有些人会拿一些买手集合店的情况来说，很多买手集合店的侧挂是没有搭配的，并且是按品类陈列的，即一杆毛衫、一杆大衣、一杆羽绒服之类的，如图1-6-8。

图1-6-8　买手集合店中按品类陈列的侧挂

这种买手集合店的情况要两说：一是某些买手集合店做的是批发生意，买家需要选很多款，如图1-6-8品类集中陈列是合理的；二是某些买手集合店做的是零售生意，此时的侧挂就需要搭配陈列了，只是很多买手集合店在色彩与品类重组方面胆子比较小。

────── 陈列小妙招 ──────

侧挂像超市品牌U一样陈列一款多色（或一色多款）时，不用搭配。侧挂像品牌Z一样提供搭配建议时，需要上下搭配或内外搭配。侧挂为高单价单品时，可搭可不搭。

问题17·侧挂的品类结构如何把控?

▼ 情景再现

某个女装品牌的陈列师给我看了一张陈列图片,是一杆只有连衣裙的侧挂照片(没保存),类似于图1-6-9左边侧挂的样子,她问我这样的陈列是不是有问题。

图1-6-9　左边为一杆连衣裙侧挂

▼ 实战演练

像这种一杆连衣裙或者一杆毛衫的侧挂陈列,我们见过很多,至于这样的品类结构是否合理,还得看具体的商品结构。比如说,某些中老年女装品牌衣裙销售占比达60%以上,连衣裙款数众多,其他品类比例不足,你怎么办?

在此,我们不能去说品牌的商品结构不合理,有些品牌只做少部分品类也是一种选择,陈列师需要在现有的商品结构下发挥。在品类较多的前提下,如何把控侧挂的品类结构呢?这里有三种情况,分别是:

情况1——部分跑量品牌只陈列一个品类,如一杆侧挂只挂同一款裤子的三种颜色。

情况2——"外套＋内搭＋下装"或者"上装＋下装"的品类结构,侧挂4~8个品类,如图1-6-10的左边第一杆侧挂。

情况3——高单价产品少量集中陈列,侧挂一个品类,如图1-6-10的中间一杆四件大衣。

图1-6-10　某女装店铺

第一种和第三种比较少，第二种全品类品牌比较多，一般情况下，无论男女装，全品类最多的时候都是冬季，有十多种：

1. 外套——西装、风衣、开衫、大衣、羽绒服、马甲、棉服、皮衣等。

2. 内搭——衬衫、毛衫、卫衣、连衣裙、T恤等。

3. 下装——裤子、裙子等。

曾经有个女装品牌的督导，将一杆秋季侧挂按照浅蓝、卡其、浅蓝、卡其、浅蓝的间隔陈列好，只用了1分钟，却没发现那杆侧挂中没有一件下装和连衣裙。在全品类女装品牌当中，侧挂的品类结构缺失是非常不妥的，即便你的色彩做得很棒。

所以，在全品类女装品牌当中，侧挂的品类把控重点有三大品类——外套、内搭（含连衣裙）、下装。至于三大品类的比例，就看各自品牌的品类销售结构了，没必要刻意追求套数完整。

男装方面则和女装有所不同，男性顾客购物，品类目的性比女性要强很多，说买西装就只看西装的顾客非常多。一杆男装侧挂如果陈列风衣、单西、大衣、羽绒服、毛衫、羊绒、衬衫、卫衣、休闲裤、牛仔裤等十个小品类各一件，那么这杆侧挂很可能会被大量顾客忽略，因为没有重点（主题）。所以，男装的侧挂必须在三大品类的基础上，再明确三个重点，如单西＋毛衫＋衬衫，或者是单西＋西裤＋衬衫。

图1-6-11　女装三大品类——外套、内搭、下装

　　偶尔在羽绒服＋毛衫＋休闲裤的侧挂中插入一款尼克服，当然是没问题的，季节变化时，某个品类成为弱势品类，只会留下一两款，无法单独撑起一杆侧挂，自然是要插入相似品类中。

　　至于说其他类似的品牌，休闲、运动、快销等品牌侧挂品类较少，无须操心，唯独中高端童装需要再考虑一下，因其顾客群结构和女装顾客大部分重叠，故只需参考女装即可，不要钻牛角尖。

───── 陈列小妙招 ─────

　　除了少量跑量与高单价外，各类品牌的墙面侧挂品类结构如下（不含中岛架与T字架）：

　　女装——外套、内搭、下装（或上装、下装、连衣裙）。

　　男装——主外套、主内搭、主正装（或主上装、主下装）。

问题18·侧挂能否只陈列裤子或衬衫?

▼ 情景再现

　　某女装品牌店铺的店长将20多条不同款的裤子陈列在墙面的一杆侧挂上

（图片没保存），类似于图1-6-12右边一杆裤子的侧挂，只是数量更多一些。

图1-6-12　右边为一杆裤子侧挂

被告知侧挂不能那样陈列之后，店长说店铺隔壁有个台湾女装品牌，就有一杆裤子的陈列，而且裤子销售得很好，别人可以这样陈列为何我们不可以呢？

▼ 实战演练

首先，一杆裤子的陈列，在男装、女装、休闲装当中都有出现，它们具备几个共性，分别是——中岛、款少、颜色少。

1. 中岛

无论男装、女装还是休闲装，一杆裤子的陈列一般都会出现在中岛架。其中，男装与休闲装更靠近流水台，女装通常更靠近试衣间，便于快速延伸搭配。图1-6-13中试衣间旁边的中岛就可以这么用，当然还可以同时挂些外套和内搭。

图1-6-13　靠近试衣间的中岛架

前面的案例中，店长说到的隔壁品牌，正是将少量功能性较强的裤子陈列在试衣间附近，逢客必推，并且推荐准确，裤子才卖得好，况且那些裤子在店铺其他地方也有陈列。

2. 款少

中岛陈列一杆裤子时，款数一般不能太多，男装有时会用"C"形钩陈列约 10 条裤子，女装通常也会控制 SKU 在 10 款以内，便于员工推荐时快速选择，如果一杆陈列 20~30 款会导致顾客选择太多而无法选择。休闲装的话则一款裤子 2~3 种色最佳。

3. 颜色少

休闲装尺码出样多，一般最多三种色，一杆陈列比较适合。而男装和女装颜色过多的话，会导致产品价值感降低，看起来像打折产品，会影响顾客的质量和成交，这和一杆衬衫是同样的道理。所以，我们通常看到的是一杆西裤、一杆牛仔裤、一杆白色衬衫、一杆蓝色系衬衫（含各种浅蓝深蓝）等，而不是各种颜色混搭。

图1-6-14　中岛陈列一杆牛仔裤

综上所述，我们会发现一个现象，那就是男女装店铺的衬衫或裤子基本上都在墙面出样了，一般情况下，根本不需要额外陈列一杆裤子或一杆衬衫，可我们为什么又会在店铺单独陈列一杆衬衫或裤子呢？

只有一个原因——陈列强化，也可以叫主推。

很多人以为，主推陈列就是出点挂、出模特，这个理解是非常片面的，陈列强化主要分为以下两种：

1. 强化陈列位置——就是将主推款（品类）陈列在较好的位置，包括前场和畅销区等，点挂、模特和前场流水台都属于此类。

2. 强化陈列面积——就是将主推款（品类）重复出样，重新组合之后扩大陈列面积，提高试穿与销售概率。一杆裤子或一杆衬衫都属于陈列面积强化，只不过不是主推单款，而是主推裤子品类或衬衫品类。

所以，一杆裤子陈列，并不是将陈列不下的裤子集中在一起，而是将重点裤子拿出来做陈列强化，属于重复出样。

———————————— 陈列小妙招 ————————————

可以单独陈列一杆裤子吗？可以，但必须是主推品类和主推款！

第二章

流水台、层板、饰品陈列

流水台陈列

问题19·流水台的作用是什么?

▼ 情景再现

　　某女装品牌陈列师最为困惑的问题,是流水台的陈列怎么做。她最常用的流水台陈列方式有两种:一是平铺一套衣服,再加一双鞋和一个包;二是放置大量的绿植、画册、立牌、小道具等非卖品,再加少量叠装。图2-1-1的流水台陈列,就有点像她平时用的两种陈列方式的集中呈现。

图2-1-1　流水台

　　这位陈列师说:"流水台要陈列得漂亮,便于吸引客流,可无论是平铺搭配还是道具展示,被顾客弄乱之后,员工都无法还原成原来的样子,导致流水台的陈列经常是乱糟糟的,怎么办呢?"

▼ 实战演练

其实造成某些陈列师困惑的原因，并不是陈列手法，而是流水台的作用。如果指望流水台陈列吸引顾客，就注定会南辕北辙，那么流水台的作用到底是什么呢？

假设店铺内没有流水台，顾客进店会怎样呢？那就必然会出现这种现象：大量的顾客直通通地进店，直通通地离店（如图2-1-2），左右两面墙上的大量货品会被许多顾客忽略，这是我们不想看到的。

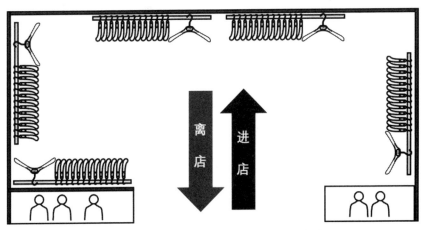

图2-1-2　顾客直通通地进店，直通通地离店

既然不想顾客"直来直去"，就必须在中间设置"障碍"，让顾客从旁边靠墙走，流水台就是"障碍"之一（模特群组也可作为"障碍"）。将流水台放入宽宽的通道中，通道就被一分为二了，即"主通道"和"次通道"。

1. 主通道：墙面与"流水台"之间的通道，即为主通道，宽度一般在1.2米以上，我们希望所有顾客靠墙走，因为大量货品均陈列在墙面上。

2. 次通道：流水台与别的流水台、模特组合等中场事物之间的通道是次通道，宽度一般为主通道的一半左右。

流水台的第一作用，是划分通道后，让大量顾客按照我们规划好的主通道行走，也叫指定顾客的行进动线（如图2-1-3箭头所示），好让更多顾客接近与触碰到墙面货品。

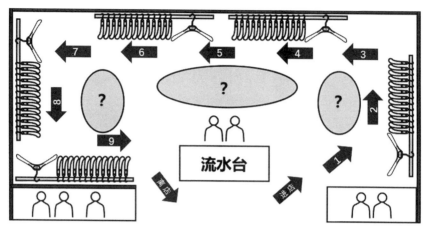

图2-1-3　流水台的第一作用：指定动线

流水台作为指定动线的"障碍"，离地高度多在40~80厘米，这正是为大部分人"伸手取物"设计的，因为大部分人的身高在150~180厘米之间，手臂向下活动时，取物高度在60~120厘米。这就是流水台的第二个作用：陈列需要销售的商品。

流水台的商品销售，在不同品牌中的表现是不一样的，分别有以下几种。

1. 多件叠装

在某些休闲、运动、快销品牌中，流水台多是齐色齐码，很多件叠在一起销售，常常与模特或中岛架组合陈列，如图2-1-4中与半身模搭配。

图2-1-4　流水台与半身模搭配

2.多件饰品

某些中高价品牌，会将流水台用来陈列项链、手链、胸花等小饰品，如图2-1-5右上角。

图2-1-5　流水台陈列饰品、叠装

3.饰品与叠装

大量中间价位品牌的流水台陈列，会选择包、鞋等主要饰品与少量叠装一起陈列，如图2-1-5左前方。

———— 陈列小妙招 ————

流水台在店内有两大作用：一是指定动线，让顾客走主通道；二是销售商品，销售服装或饰品。

问题20·店铺入口处流水台如何陈列？

▼ 情景再现

某女装品牌一新开店铺，由于饰品配发不足，导致入口处流水台空置（没有陈列任何商品或物品），类似于图2-1-6男装店铺的样子。待第二天货品到齐之后，陈列师已经离开，店长却不知流水台如何陈列比较好。

图2-1-6 店铺入口处流水台空置

▼ 实战演练

上一个问题中，我们讲过流水台的两个作用：指定动线与销售商品。店铺入口处的流水台所指定的动线为行进动线，让大量顾客往右边入口进入，那么入口处流水台应该陈列哪些商品呢？如何排列呢？

入口处流水台在不同的品牌中有不同的陈列方式，不外乎两种：单品主推和搭配主推。

1.单品主推（直线形排列）

某些休闲、运动、快销品牌的店铺常常为了主推某一款产品，会将它大量折叠在入口处的流水台上，并且辅以模特出样和中岛陈列，便于此款产品的快速消化，如图2-1-7中的牛仔裤。

图2-1-7 单品主推（直线形排列）

2. 搭配主推（分组排列）

某些男装、女装品牌主推某种类型的搭配，会将此类搭配出样在店铺入口处流水台旁的模特身上，再将此类搭配的上装、下装、饰品拆分陈列到中岛架和流水台上，如图 2-1-8 的流水台即为"白色短袖 T 恤 + 黑色裤子 + 黑色腰带 + 黑色鞋子"的搭配主推。

图2-1-8　搭配主推（直线形分组排列）

这类主推某一种搭配主题的流水台，排列方式一般是分组排列，如上图可看成 5 个小组，从左边开始分别是：白 T+ 黑鞋，腰带 + 裤子，2 件白 T，黑鞋 + 黑盒，白 T+ 裤子。5 组产品直线形排列，简单易维护。

还有一种方式是三角形排列，流水台上分 3~5 组，每组由 3~5 个"零件"组成，呈三角形排列，类似于图 2-1-9 的样子（3 组），相对于上一种方式来说，还原性略差一些。

搭配主推的变化形式还有许多种，比如说：

1. 无模特无中岛架——上图"白色短袖 T 恤 + 黑色裤子 + 黑色腰带 + 黑色鞋子"的搭配主推流水台，在撤掉模特与中岛架后，仍然是搭配主推。

2. 主推产品延伸——某些时候，在流水台陈列好"上装 + 下装 + 帽子 + 包 + 鞋"的组合搭配之后，发现其中某些单品的"其他颜色"也可以搭配进来，于是就出现了"同款不同色"的帽子、鞋子、毛衫、手包、围巾等延伸产品的搭配主推，如图 2-1-10。

图2-1-9　搭配主推（三角形分组排列）

图2-1-10　主推产品延伸

　　类似的延伸搭配当然是可以的，只是稍有不慎，便会让入口处流水台变成"大杂烩"，常见的延伸过头的情况有以下几种：

　　1. 彩色过多——某些人会将一款毛衫的黑色、红色、蓝色全部陈列到入口处流水台上，破坏了色彩主题，使重点弱化，就没有主推的效果了。

　　2. 款式过多——某些人会将多款毛衫陈列到入口处流水台上，导致主推款的效果被弱化，难以形成强推的效果。

　　3. 品类过多——某些人会将毛衫、卫衣、衬衫、T恤等各种上衣陈列在入口处流水台上，同样导致品类重点不集中，弱化了主推品类效果。

陈列小妙招

　　入口处流水台陈列方式有"单品主推"和"搭配主推"两种，需控制主推的单品或组合，避免变成"大杂烩"或"艺术"展区。

问题21 · 店铺后场流水台如何陈列?

▼ 情景再现

某女装陈列师曾经问过我流水台的作用与陈列方法，在被告知流水台的作用为"指定动线"和"销售商品"之后，该陈列师给我们发来了两张店铺陈列照片，声称她看到两个不错的品牌,后场流水台并没有按我们所说的陈列，是否也是对的？照片与下面两张图片相似。

图2-1-11　前后场流水台均没有陈列商品

图2-1-12　流水台没有划分通道指定动线

她的问题是:后场流水台的陈列是否可以退而求其次，降低要求来陈列？

▼ 实战演练

我们无从得知上面两张图片所处的客观环境，只知道他们都放弃了后场流水台的某些功能，是刻意为之还是有所不知，我们也无从知晓，故暂且不论。我们只需知道后场流水台的陈列原理即可，不同品牌有不同的陈列方式，共有以下几种。

1. 搭配主推

后场流水台与前场一样搭配主推，结合模特与中岛架，主推一种类型的搭配方式。如图2-1-13的主推搭配为"无袖 T 恤 + 短裤 + 文胸 + 内裤 + 拖鞋"的搭配，只不过是将"内衣"与"外穿"分成两个模特展示而已。

图2-1-13　搭配主推的方式在年轻品牌中较为多见

2. 单品主推

某些休闲或快销品牌的后场流水台，往往与前场并无太大差别，仍然以单品主推为主，如图 2-1-14 中左侧整齐排列的牛仔裤（直线形）。

图2-1-14　后场流水台的单品主推

3. 饰品陈列

某些中高端男女装品牌，为了呈现产品的高价值感，后场的流水台旁边往往不摆放中岛架，只有单张流水台或与模特组合，流水台上陈列的商品，则是少量饰品分组陈列，如图 2-1-15。

图2-1-15　单张流水台陈列饰品

后场流水台与前场流水台的陈列方式差异不大，只是主推效果略逊于前场，但连带推荐的效果会比前场好，所以它们的差异在于：

1. 前场流水台的主角是服装——前场常常以单品主推或搭配主推的方法出现，主角是服装，饰品则是陪衬。

2. 后场流水台的主角是饰品——在员工推荐型品牌中，后场饰品陈列与搭配主推的方式更多见，为了便于连带推荐，饰品成了后场流水台的主角，服装反而成了陪衬。

───── 陈列小妙招 ─────

后场流水台陈列时，款少量多的品牌多为单品主推，高单价品牌多为饰品陈列，中间品牌则多为搭配主推。

| 第二节 |
层板壁柜陈列

问题22·层板壁柜如何陈列商品?

▼ 情景再现

　　某女装品牌店铺的三面墙壁上,安装了十多杆点侧挂货架,侧挂与侧挂的中间还装有四层壁柜,类似于图 2-2-1 左边墙面的样子,这种层板壁柜在那家女装店铺中有两处。

图2-2-1　层板壁柜

　　店铺开业时,陈列人员采购了大量的花卉、相框、艺术器皿、艺术金属制品等装饰物,陈列在两处层板壁柜上,非常漂亮。由于该品牌饰品较少,店铺开业一年后,层板壁柜上依然陈列着开业时的装饰品,请问这样合适吗?

▼ 实战演练

店铺的层板壁柜应该陈列什么内容，这取决于大部分顾客的身高与拿取习惯。由于大多数顾客的身高在150~180厘米之间，根据顾客"触手可及"的原则，我们将店铺的陈列高度分为展示区、销货区和触觉盲区（盲点区），如图2-2-2。

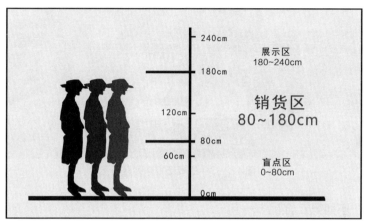

图2-2-2　展示区、销货区和触觉盲区（盲点区）

销货区：大多数顾客向上或向下伸手可以触摸到货品的地方，距离地面高度约为80~180厘米，服装品牌店内的点挂、侧挂、模特、流水台、腰带架、丝巾架、层板壁柜等，都在这个高度以内。

展示区：大多数顾客向上伸手都无法拿取货品的地方，距离地面高度约为180~240厘米，部分店铺的装饰品在这个高度。

盲点区：大多数顾客需要蹲下（或弯腰）才能拿取货品的地方，距离地面高度约为0~80厘米，也就是很多男女装侧挂衣服下摆以下的位置。

由此可见，店铺的层板壁柜高度，大部分（或全部）处在销货区内，是需要陈列商品进行销售的。开篇案例中的装饰品均属于非卖品，非卖品是展示品，不是商品，所以，在层板壁柜陈列装饰品，是对商业空间的浪费，当然不太合适。

那么层板壁柜要如何陈列商品呢？有以下几种陈列方式。

1. 陈列第一饰品——鞋

鞋子属于人身上普及率（100%）最高的饰品，在条件允许的情况下，可以独立陈列在层板壁柜上，将层板壁柜换成鞋区，如图2-2-3右边的五层鞋子。

图2-2-3　层板壁柜陈列鞋子

2. 陈列第二饰品——包

包属于人身上普及率仅次于鞋子的饰品，也可以独立陈列在层板壁柜上，变成包包区域，如图2-2-4右边的三层包包。

图2-2-4　层板壁柜陈列包包

3. 陈列叠装上衣

某些时候，我们需要将T恤、衬衫或毛衫中的一种独立陈列在层板壁柜上，变成T恤区或衬衫区，如图2-2-5的三层衬衫。

图2-2-5　层板壁柜陈列衬衫

4.组合陈列饰品与叠装

各类饰品都不多的情况下，可以在包、鞋、帽子、腰带、叠装等商品中选取几种风格或色系统一的产品，组合陈列在一起。

综上所述，层板壁柜需要陈列商品，而非展示品（非卖品）。当然，偶尔在壁柜商品中插入一件展示品也无伤大雅，只是并非必要。

———————　陈列小妙招　———————

层板壁柜处在顾客触手可及的高度，属于销货区，需要陈列商品，可以陈列鞋、包、叠装，或者进行多种组合陈列。

问题23·侧挂上方高处如何陈列商品?

▼ 情景再现

某女装品牌陈列师某一次问了我一个问题，说他看到某些女装店铺的侧挂上方空置（类似于图2-2-6的样子），他问这样是否合适，是否应该在侧挂上方增加饰品或装饰物?

图2-2-6　侧挂上方空置

▼ 实战演练

　　侧挂上方应该如何陈列？这取决于"顾客拿取高度"和"品牌类型"。关于顾客拿取高度问题 22 已有介绍，如图 2-2-2。

　　通常情况下，多数男女装店铺的侧挂杆距离地面高度为 150~170 厘米，而侧挂上方陈列的商品基本上已经进入了展示区的高度（180~240 厘米），顾客拿取的便捷性大大降低，销售概率自然也大大降低。

　　这个高度的侧挂上方陈列的商品销售概率那么低，为何不放弃这一陈列位置呢？而开篇的案例，正是放弃了侧挂上方的陈列位置，上方波浪形的设计，正是为了提前弥补侧挂上方的大面积空白。所以，侧挂上方不陈列任何商品，在某些品牌当中是可以的。这类男女装品牌"放弃侧挂上方陈列"的做法有以下几种。

　　1. 道具装饰——将装饰性道具布置在侧挂上方墙壁，如图 2-2-7 的木质画框。

　　2. 线条设计——利用线条设计，填充侧挂上方的空白空间，如图 2-2-6 的波浪曲线和图 2-2-8 的黑色直线。

　　3. 文字设计——部分品牌将品牌 LOGO 或某些文字注解设计在侧挂上方墙面，填充侧挂上方空白。

　　4. 象征性陈列——部分品牌为避免侧挂过于单一，会在少量侧挂上方设置层板，象征性地陈列一两个饰品或道具，意思一下，对其销售概率没有过高的期望值（如图2-2-8右边侧挂上方层板）。

5.海报陈列——部分品牌会在侧挂上方设计各种海报（如图2-2-9），比如某个以紧身衣闻名的运动品牌U，店铺内就有很多形象海报出现在货架上方。

图2-2-7　将木质画框布置在侧挂上方墙壁

图2-2-8　黑色直线设计

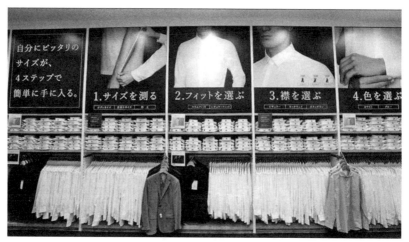

图2-2-9　侧挂上方设计海报

　　以上几种方式，均为放弃侧挂上方陈列，却仍然以道具、线条、海报、文字或饰品等物来填充侧挂上方（主要指180厘米以上位置）的空白。但有些品牌连象征性的填充都没有，比如西班牙品牌Z，180厘米以上的位置，除了偶尔放置价格牌以外，大部分是放弃使用的。

　　那么，如果我们想在侧挂上方陈列商品，并让上面的商品对销售起到促进作用，应该如何陈列呢？

　　陈列方式1——半身模特。部分侧挂高度为120厘米或135厘米，上方有足够的空间放置半身模特，刚好可以出样下方侧挂中的商品，也对侧挂销售有帮助，如图2-2-10的两个内衣半身模特。

图2-2-10　侧挂上方陈列半身模特

　　陈列方式2——点挂出样。部分店铺的货架中，就有上点挂下侧挂的设计（如童装等），此时点挂衣架的高度仍然不方便顾客拿取，下方的侧挂中会有重复出样，此时点挂的作用与半身模特的作用相似，也可对下方侧挂货品的销售起到促进作用，如图2-2-11。

图2-2-11　侧挂上方点挂出样

　　侧挂上方出点挂或半身模特并非单一使用，可以在一家店铺内同时存在，比如说日本品牌U，就用到叠装、道具、海报、模特、点挂等方式，如下面两张图。

图2-2-12　侧挂上方有海报和点挂

图2-2-13　侧挂上方有海报和半身模特

侧挂上方的大部分空间属于展示区,在商品陈列和店铺设计里,有以下几种处理方式:

1.空置式放弃(如品牌Z);

2.填充式放弃(填充海报、文字、线条、道具、饰品等);

3.重复出点挂(促进出样款的下方侧挂销售);

4.重复出模特(促进出样款的下方侧挂销售)。

问题24·侧挂下方地板如何陈列商品?

▼ 情景再现

某女装品牌的陈列人员曾问过一个问题,侧挂架下方如果没有地台,是否可以将鞋子直接陈列在地面?类似于图2-2-14的样子。

图2-2-14 侧挂下方的地面陈列鞋子

有这种疑问的原因是某些顾客会踩脏鞋子，另外还有些人会问，当地面有地台时，是否一定要陈列点什么？难道不能空置吗？

▼ 实战演练

问题22和问题23中说过，店铺的某一高度如何陈列，取决于大部分顾客的身高与拿取习惯。

而侧挂的下方，距离地面高度80厘米以下，正处在顾客的触觉盲区（盲点区），需要蹲下或弯腰才能拿取到货品。而大部分顾客在选购服装时，是没有蹲下或弯腰拿取货品的习惯的，所以触觉盲区（盲点区）陈列的商品，被销售出去的概率要小得多。

既然销售概率比较小，那么应该如何陈列呢？这得分几种情况。

1.下方空置

部分男女装品牌，饰品本身较少，并且在设计店铺时就有规划饰品的陈列位置（如层板壁柜等），就完全不需要再在侧挂下方陈列鞋子，这和"有无地台"没有关系（如图2-2-15）。当然，你加双鞋搭配在侧挂下方也无伤大雅，只是并非必要。

图2-2-15　侧挂下方空置

2.重复陈列

侧挂下方位置的鞋子，被关注的概率本身较低，但在某些年轻品牌中，可通过多尺码重复出样的方式，将鞋子陈列在搭配度较高的侧挂下方（如图2-2-16），这样也可以提高销售概率和连带机会。当然，饰品区最好还有重复出样。

图2-2-16　侧挂下方重复出样搭配度较高的货品

3.货品储存

某些超市型品牌，客流非常大，货品出样常常一个尺码出样四五件。比如说图 2-2-17 中的衬衫（日本品牌 U），下方两层壁柜的储货功能要比销售功能大一些，哪怕销售概率不高也没有问题，而中间层货品只要大量销售即可，这和大型生活超市是类似的，都可以叫作"纵列式陈列"。

图2-2-17 纵列式陈列

陈列小妙招

　　侧挂下方的位置，属于顾客的触觉盲区，销售概率不高，在不同的品牌中共有三种处理方式，分别是空置、重复陈列和储存货品。大多数品牌可以选择空置，快销品牌可以重复陈列，服装超市型品牌可用作货品储存空间。

| 第三节 |
常规饰品陈列

问题25·鞋子和包包如何陈列?

▼ 情景再现

　　某女装品牌的饰品中，包和鞋的数量最多，其他饰品极少。该品牌的陈列人员发现国外某个包包品牌的陈列非常好看，于是进行效仿，将多个饰品组合陈列，前低后高，很有层次感，类似于图 2-3-1 的样子。

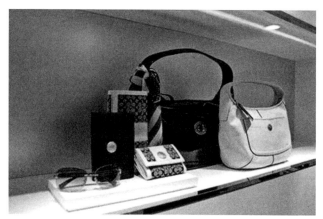

图2-3-1　将多个饰品组合陈列

　　陈列后的美观度很高，然而，后期的陈列维护常常不到位，这让陈列人员十分烦恼，店铺的包和鞋到底应该如何陈列呢?

▼ 实战演练

　　一般情况下，鞋与包常常是很多男女装品牌的第一与第二饰品，只有在鞋和包不太给力的情况下，项链、腰带、围巾、腰带、帽子等饰品的销量才会冲到前面。所以，鞋和包的陈列，是服装品牌的饰品陈列当中最重要的。

前面说过，店铺的陈列高度可分为展示区、销货区和盲点区，饰品陈列上也可以这么分，只是略有不同，分别是：

饰品展示区：有些位置陈列的饰品，只起到展示作用，顾客无法自己触摸与拿取，这些位置有"饰品橱窗"和"侧挂上方高处"。

饰品销售区：顾客可以自行触摸与拿取到的位置，和服装高度一致，距离地面高度大多在80~180厘米之间，包括层板壁柜、流水台、玻璃柜、丝巾架、腰带柜、领带架等。

饰品盲区：大多数顾客容易忽略的位置，如侧挂衣服上搭配的项链、领带和围巾等。

前面案例中的陈列人员，将饰品品牌的橱窗陈列方式（展示区）借鉴到服装品牌的饰品销售区，其实是不妥的，原因是展示区不用考虑顾客的便捷性，而销售区则必须考虑。让顾客不敢碰或不忍心碰的陈列，只是艺术品而非商品。店铺销售区的鞋和包陈列方式有以下几种。

1. 独立陈列在鞋区或包区

无论男女装，店铺设计常常会规划好鞋包区，其中包括层板壁柜、多层壁架和中区展示柜（台）等等，如下面几张图。

图2-3-2　某女装品牌独立陈列的包包

图2-3-3　某男装品牌独立陈列的鞋子

图2-3-4　某女装品牌独立陈列的鞋子

2.鞋与包合并陈列

在鞋子与包包的款色均较少的情况下，无法独立成区，则可以合并陈列在一起，如下图。

图2-3-5　鞋与包合并陈列

3. 鞋包与其他货品组合陈列

在鞋子与包包的款色非常少的情况下，无法组合成区，则可以和其他饰品及服装组合陈列在一起，如下图的流水台。

图2-3-6　鞋包与其他饰品及服装组合陈列

以上三种方式对应的情况分别是：鞋包适量，鞋包略少，鞋包太少。你一定会问，如果鞋包略多或鞋包太多怎么办？是否可以像图 2-3-1 那样组合陈列，以节省陈列空间？

我的答案是不可以，原因是：

1. 销售占比——服装品牌毕竟不是鞋类品牌或饰品品牌，鞋包的销售占比往往较小，而销售比例决定了陈列面积，所以鞋包的陈列柜（架）也会较少。

2. 重点集中——如果十款鞋加十款包组合陈列在一起，一周下来只有三个款产生了销售，那么为什么要这么多款？三个人能做的工作，为何要十个人？

将大量功能或款式相似的包包拥挤地陈列在较小的位置上，是一种不自信的行为，不知道自己要卖什么，只能摆出一大堆让顾客多选一，这是不妥的，需要精减款式数量。

陈列小妙招

鞋包要根据其款色数量来陈列：一是数量适量时，各自的鞋区、包区独立陈列；二是数量略少时，鞋包合并陈列；三是数量极少时，与其他饰品及服装混合陈列；四是数量过量时，精减到适合或略少为止。

问题26·项链和腰带等各种小饰品如何陈列?

▼ 情景再现

某女装品牌店店长发现,某些项链和腰带在店铺内陈列的时间超过一年,偶尔还能卖出一件,随着小饰品的累积越来越多,陈列好的小饰品经常被弄得很乱,不知道该如何陈列为好。

▼ 实战演练

我们在问题25中讲到过,服装品牌店铺内,饰品的销售占比本身较低,除鞋与包以外,其他小饰品的销售占比就更低了,所以它们的陈列位置一般不大。那么,是不是意味着各类小饰品可以随意陈列呢?

当然不是,小饰品在各种品牌中往往有不同的侧重点,甚至在某些客观情况下,其销售数据要远高于鞋和包,所以,小饰品的陈列方式和主饰品(鞋与包)的陈列方式异曲同工。

1. 第一饰品独立陈列

某些品牌销量第一的饰品品类,并不是包或鞋,而是其他,那么它就应该有自己独立的陈列区域,如下面几张图。

图2-3-7 某商务男装独立陈列的领带区

图2-3-8 某女装独立陈列的围巾架

图2-3-9 某女装独立陈列的项链柜

说到这里，我们的店铺设计师就需要考虑一系列问题：本品牌的第一、第二饰品是什么？是包、鞋、项链、领带、胸针、眼镜、腰带、围巾还是帽子？要不要设计独立的第一饰品区？要不要设计独立的第二饰品区？设计什么货柜（架）来陈列第三、四、五、六、七、八饰品呢？

2. 小饰品组合陈列

作为服装品牌，不可能给每一种饰品都设计独立陈列区，销售排名第三、四、五、六、七、八的饰品，往往只能与其他饰品及服装组合陈列。如图2-3-10，项链有其独立的陈列柜，而腰带只能与上衣、裤子、包、鞋陈列在一起。

当一拨又一拨的新品上市时，小饰品必然会越积越多，这就出现了前文说的一幕，店铺内陈列着多个年份与季节的饰品，此时就会因为陈列量过多，导致产品价值感下降。假设图2-3-10的玻璃柜中陈列的项链数量增加到30条，就会给人很廉价的感觉，陈列得少一点，才像高价值饰品。

图2-3-10 项链独立陈列，其他小饰品组合陈列

当小饰品越来越多时，要做的工作，自然是精减款式数量，做到上下架平衡，此时就需要导购人员、店长和陈列人员一起解决了。

陈列小妙招

小饰品的销量若能成为饰品第一，必须有独立的陈列区域，其他小饰品则可以组合陈列在层板壁柜和流水台上。小饰品陈列量过多时，则必须精减款式数量，以保证产品的价值感。

问题27·饰品如何搭配陈列?

▼ 情景再现

某个女装品牌的店长某一天问了我一个问题，说店内饰品较多，同事们在陈列的时候，在卖场的各个地方都进行了饰品组合搭配，不知道是否合适，分别有：

1. 模特上搭配包、鞋、项链、腰带等。

2. 点挂上搭配围巾、项链、手包、胸花等。

3. 侧挂里搭配项链、包、围巾等。

4. 包上搭配围巾、丝巾、帽子等。

5. 叠装（或围巾）上搭配项链（或腰带）等，类似于图 2-3-11 的样子。

图2-3-11　饰品组合搭配

饰品的组合搭配，在绝大部分服装品牌中都存在，哪些地方加上饰品搭配比较好？如何搭配？这要从饰品的作用说起，那么饰品在服装品牌店铺中的作用是什么呢？

1. 增加销售业绩——在店铺使用面积和人工成本不变的情况，增加饰品的销量，可以增加店铺的销售业绩。

2. 增加服装销量——与服装搭配，使服装更出彩，从而使服装或两者销售得更好。

既然知道了饰品的作用，那么饰品搭配原则就出来了。

1. 饰品区不需要搭配

店内的饰品销售区，如层板壁柜、流水台、玻璃柜等，独立或组合陈列饰品，不需要搭配，即有搭配性，但是要拆分陈列。如图 2-3-12，不需要将鞋挂在包包上，更不需要将围巾塞进帽子里。

图2-3-12　拆分陈列

2. 模特可以搭配丰富

无论是橱窗模特还是店内模特，搭配的饰品都可以丰富一些，甚至超出顾客日常饰品的搭配数量也无妨，只是饰品区还需要出样，如图 2-3-13。

图2-3-13　搭配有帽子、眼镜、项链、围巾、包、腰带等多件饰品的模特

3. 侧挂不需要搭配饰品

前面侧挂相关章节说过，侧挂中的货品，顾客无法看完每一件，上面搭配的饰品往往被忽略，无论是辅助侧挂货品销售，还是自身销售，概率都是很低的，而且容易在需要的时候找不着，所以侧挂不适合（没必要）搭配任

何饰品,包括侧挂杆上的第一件衣服在内。

4. 点挂不必搭配饰品

前面点挂相关章节说过,点挂是便于顾客"拿出试穿"的,饰品搭配不宜过度,胸口配条项链或围巾是可以的(如图2-3-14),但并不是一定需要,因为这降低了试穿的便捷性。

图2-3-14 点挂的衣服搭配围巾

陈列小妙招

饰品的搭配陈列分三种:一是模特上可以多配饰品,二是饰品区和侧挂均不需要搭配饰品,三是点挂不必搭配饰品,但可以接受(不影响便捷性的)饰品点缀搭配。

第三章

橱窗模特与店内模特陈列

| 第一节 |
模特货品选择

问题28·模特出样时应该选什么样的货品?

▼ 情景再现

春节前夕,某女装品牌店铺春一拨二拨货品均已上市,由于气温仍然在12℃左右,店铺两个橱窗及店内两组模特均陈列冬装畅销货品,请问可以吗?如图3-1-1。

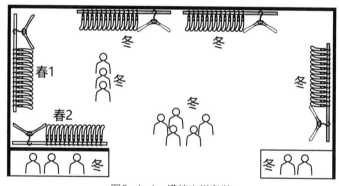

图3-1-1　模特出样冬装

▼ 实战演练

模特出样时货品如何选择?这要从模特的作用说起,模特的穿着效果,就相当于身材相近的人(顾客)的穿着效果,让看到它们的顾客也想这么穿,那么模特的作用就是引导顾客购买着装商品。

而在此基础上,店内模特与橱窗模特的作用又略有一点差别,分别是:

1. 店内模特——引导顾客购买模特上的货品,并马上穿着。

2. 橱窗模特——橱窗是一个广告位，有广而告之的作用，如新品上市告知、流行搭配告知等。橱窗模特在引导顾客购买的基础上，还有一个"引导顾客提前购买"的意思，所以橱窗的货品永远选择最新的，可以超前一个月。

全店模特出样货品的选择上，有以下几个原则与顺序。

1. 模特组数与销售比例同步

如某男装正装与休闲装的销售件数各占一半，那么四组模特则各出两组。部分女装也有职业、休闲等多种风格之分，分法虽然不同，但销售比例与陈列比例成正比的逻辑是相同的，只是在模特组别与数量的选择上，可以有倾向性，倾向于正装，则正装可略多，如图3-1-2。

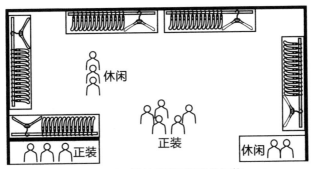

图3-1-2 模特出样正装和休闲装

2. TOP品类优先且重点出样

如某女装店铺的冬季销售情况中，外套第一品类是大衣，内搭第一和第二品类是毛衫和连衣裙，下装第一品类是短裙，那么店内的模特出样很可能是以大衣＋连衣裙，大衣＋毛衣＋短裙为主导，类似于图3-1-3的样子。

图3-1-3 模特出样TOP品类

3. 库存充足的单款优先

具体到款式的选择上，橱窗里的模特以展示新品为主，销售状况不明，则以库存为导向。店内模特选择库存充足的畅销款主导一系列搭配，如下图中区的西装模特，必然是库存充足的畅销款主导。

图3-1-4　畅销款主导的西装大区模特

图3-1-5　库存导向的前场新品区模特

目前的行业内，很多店铺被要求按照公司的陈列标准统一模特出样货品，这是不现实的。因为各店铺的畅销、平销和滞销情况是有很大差异的，况且新品上市的库存也是不同的，模特出什么货品，自然也不尽相同。

陈列小妙招

模特出样的货品选择上，橱窗新品以库存为导向，店内模特则由库存充足的畅销款主导。与此同时，我们还需要提前规划好各组模特的季节结构、风格结构、品类结构或色彩结构。

问题29·如何协调模特着装与邻近货架冲突?

▼ 情景再现

过完春节，室外温度依然不高，某女装店铺店长保留了 20% 的冬季货品，颜色以大红与黑色为主，陈列在橱窗后面的货架上。橱窗为通透式（无背墙），春装新品（绿色、黄色或粉色）出样橱窗模特之后，与背后的大红色冬装形成较大反差，如图 3-1-6。这些大红色冬季货品，成了春季橱窗模特的"背景色"，必然会因为色彩的反差（冲突）影响橱窗的展示效果。

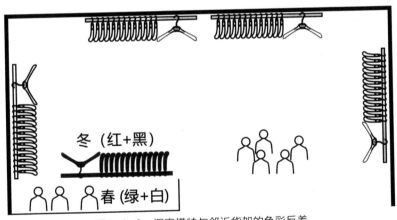

图3-1-6　橱窗模特与邻近货架的色彩反差

▼ 实战演练

模特着装与邻近货架冲突的情况，很多店铺都会碰到。就拿上面所说的店铺来说，大红色很容易成为国内女装冬款的最后一批货，随着时间的推移，慢慢后"走"到动线末端位置（左橱窗背后），春款色彩以浅淡明快为主，出样在通透橱窗中就不协调了。而商务男装中的不协调，更多体现在着装场合，如图 3-1-7。

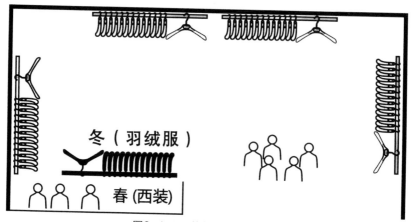

冬（羽绒服）

春(西装)

图3-1-7　着装场合的不协调

要想解决模特着装与邻近货架的冲突，有几个办法，分别是：

1. 色彩合二为一

模特与邻近货架出样同一组货品，在每季第一拨新上市时比较常见，前场销售功能一般的位置，与旁边的橱窗同时出样同一色系货品。

2. 侧挂色彩弱化

冲突位置无论是出现在左橱窗后面（动线末端），还是右橱窗后面（视觉盲区），货架的销售功能都不佳，其重要性要比橱窗低很多。此时就需要将货架货品进行陈列弱化，将冲突因素抽离，例如只在货架上陈列黑、白、灰、米、咖、驼等基本色。

开篇案例中的大红色冬款，就必然成为陈列弱化的对象了。弱化的方法是，红色外套与下装抽离，内搭可穿进外套暂时保留，直至下一拨春款上市，冬款几乎无销售时才全部下架。

3. 模特色彩弱化

某些时候，店内模特出样并不想选择身旁的中岛架或流水台上的货品，可以弱化模特色彩，出样远处的货品，此方法不适用于橱窗模特。

某些男装，色彩大多偏基本色，差异性不大，冲突较多的会是着装场合（或叫风格），这时我们需要重点考虑"风格一致性"，即模特与邻近货架出样同一风格的货品，如彩图 11 中货架和模特陈列的单西、休闲裤、毛衫、休闲衬衫等，均为休闲风格。

我们会发现一个现象，当无法合二为一时，我们往往在女装中优先考虑色彩，即色彩协调后，风格不一致也能容忍；在男装中优先考虑风格（场合），当风格一致时，色彩存在差异性也可以接受。

陈列小妙招

模特与邻近货架冲突时，有几种处理方法：一是色彩合二为一；二是货架色彩弱化；三是模特色彩弱化；若是男装，还可以统一风格。

问题30·橱窗出样要考虑隔壁竞争品牌橱窗吗?

▼ 情景再现

某个男装品牌店铺，销售业绩排在楼层第二名，业绩与第一名和第三名相差不大，并且第一、第三的品牌正好在这家店铺的左右两边，橱窗和模特都离得很近，如图 3-1-8 的样子。

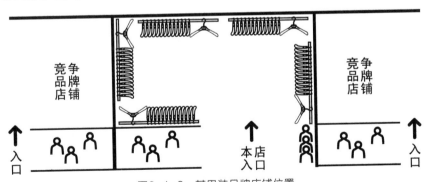

图3-1-8　某男装品牌店铺位置

店长平时对隔壁两个竞争品牌看得很紧，就连他们调整陈列都不放过，每当这两个品牌店铺更换模特出样后，店长必然也会将自己店铺的模特换一换。店长的说法是，不能让他们的新陈列抢了自己的风头。

例如，左边竞争品牌换了一组橘色模特，店长觉得他们的橘色很抢眼，于是将靠近他们的橱窗模特换了一组大红色。那么问题来了，自己店铺的橱窗模特出样，真的要考虑隔壁的竞争品牌吗？

▼ 实战演练

先给大家讲个小故事，某个店铺的老顾客进店问："你们没上新款吗？"员工回答："在里面。"老顾客却说："你看隔壁 ×× 品牌橱窗里都是新款，比你们家多多了。"（如图 3-1-9）

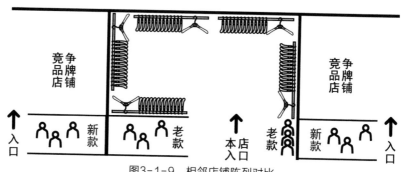

图3-1-9　相邻店铺陈列对比

这个故事说明一个浅显的道理，某些顾客会先看看他消费的几个竞争品牌橱窗，再决定先去谁家选购。所以，竞争品牌的橱窗出样，我们是要考虑的，可考虑之后，自己店铺的陈列如何调整呢？

首先必须说明一件事，下面这些做法都是不妥的：

1. 隔壁换陈列，我们也赶紧换陈列。

2. 隔壁出抢眼的颜色，我们出更抢眼的颜色。

3. 隔壁出大衣，我们出更好看的大衣。

这里的原因非常浅显，很多品牌在商场的业绩相近，并且有重叠顾客，但业绩贡献主力差别较大。比如说，品牌 A 橱窗出样的大衣实穿性较高，大衣周销售件数占到 60% 以上；品牌 B 同样用大衣出橱窗，却因为色彩、款式或价格等因素，不被大多数顾客接受，大衣周销售件数才两件，仍是外套中的垫底品类。差别在哪里呢？

这就是盲目跟风导致的水土不服，自身业绩没能最大化。试想一下，品牌 B 不跟风出大衣，而是在橱窗中出样自己销量第一、第二的外套品类，店铺一周有没有可能多卖十件、八件？业绩是不是比"橱窗出大衣"更好？

所以，竞争品牌的橱窗我们是要看的，看哪些？如何用？方法如下：

1. 看风格结构

在整个楼层走一圈，就能知道商场中职业装客人与休闲装客人的大概比例，然后结合自己的销售结构来分配橱窗。但也有例外，比如说商场客人中正装与休闲装各一半，自己的休闲装却比较弱，我们会索性放弃休闲橱窗出样，用多橱窗正装抢顾客。反之亦然，正装比较弱，则会用多橱窗休闲装抢顾客。

2. 看品类结构

将整个楼层竞品的橱窗看一遍，基本上就能猜出当下季节中销售较好的外套、内搭（含单穿）和下装的品类是什么，再看看这些品类在自己店铺的销售与库存如何，如果是销售好且库存大的，橱窗出样品类基本上八九不离十了。

至于色彩和款式，那是最没有参考性的了，完全以自己店铺的销售结构、库存结构和顾客结构作为参考即可。

──────── 陈列小妙招 ────────

橱窗出样时，不可与隔壁品牌较劲。根据自己的销售结构、库存结构与顾客结构出样即可，色彩、款式和季节，完全按照自己的节奏走，时不时看看整个楼层竞争品牌的风格结构与品类结构，做个参照就好。

| 第二节 |
模特色彩与品类选择

问题31·单个模特的色彩如何搭配?

▼ 情景再现

某女装品牌的员工在给某个模特穿衣服时,在一件大格子外套里面搭配了一件印花连衣裙,店长说她没有色彩搭配常识。员工问起时,店长又没有办法将"搭配常识"说清楚。那么,应该如何给模特搭配呢?

▼ 实战演练

大家来看张橱窗模特的照片,参见彩图12,印花外套 + 红色镂花连衣裙的内外搭配,和上面案例中的大格子外套 + 印花连衣裙有点异曲同工。

这样的搭配有人穿吗?有。这样的搭配合适吗?不合适。

色彩搭配非常广泛,服装色彩搭配只是其中很小的一部分。广义的色彩配色理论,在服装搭配时,往往并不适用,我们服装行业需要有自己的色彩搭配方式。我们将服装色彩分为三种,详见问题14中的服装色彩分类。

我们在给单个模特配色时,一定有第一件产品,即主推款。例如你想给模特出样彩图12的印花外套,那它就是主推款,接下来搭配的内搭和下装,就是搭配款。总体来说,共有三种搭配方法,分别是:

1. 提示搭配法——主要用于"花色产品"配净色

提示搭配法也叫"提示色搭配法",指的是主款身上的任何色彩都是在提示我们如何选择搭配色。假设彩图13中花色短裙为主款,上衣配的颜色可以吗？

主款印花短裙包含色彩：白色、深绿、翠绿、浅绿、深蓝、蓝色、天蓝、大红、橘色、粉色、黄色、咖色等十多种颜色，面积最大的是深浅不一的绿色和白色底，那么这条裙子可以叫作"绿花裙"，这条绿花裙（花色）的搭配原则是这样的：

（1）大面积搭配基础色——主款绿花裙身上的基础色有白色和深蓝（藏青），所以上衣选择白色或藏青色都是没问题的。

（2）小面积搭配彩色——主款绿花裙身上的彩色很多，但能够大面积搭配上衣颜色的只有一种，就是它的本色（绿色），别的彩色如红色、蓝色、粉色、黄色等，可以小面积出现，如鞋子、小包、丝巾等。

一般情况下，不建议用花色来搭配花色产品，因为这不但需要相同的构成色（如套装就是相同的构成色），而且还极为挑人，况且穿"花配花"的顾客极少。

2. 调和搭配法——主要用于"花色配彩色"和"彩色配彩色"

当一套搭配出现两种或多种重点色时，就要加入一种基础色来调和"花色"和"彩色"的面积比例。如彩图 13 的大红上衣与绿花裙，原本 5：5 的红绿配，在加穿一件基础色外套之后，色彩比例变成了"黑 8：红 1：绿 1"，就可以被接受了，这就是调和搭配法，参见彩图 14。

或者基础色外套用短款也是可以的，色彩比例就会变成"黑 4：红 1：绿 5"。不知大家是否碰到过"吃饭不愿脱外套"的人，有些人是真的不热，有些人则是怕脱掉外套之后，里面的衣服色彩搭配不协调，被大家看到。

3. 对比搭配法——主要用于"彩色配基础色"和"基础色配基础色"

对比搭配法指的是色彩的纯度对比或明度对比，如果你只是用于服装色彩搭配，还可以理解为"深浅对比"与"明暗对比"。我们按照对比的反差大小，分为"重对比"和"轻对比"。

（1）重对比——主色与配色之间的对比非常明显，如黑白配、黑红配、绿白配等等，大红与浅灰的对比搭配也是重对比，参见彩图 15。

（2）轻对比——主色与配色之间的对比不明显，如黑色配深灰、白色配浅粉、浅黄配白色、驼色配米色等，略有差异的两种粉色之间的内外搭配，也是轻对比，参见彩图 16。

当然，一套搭配上出现三种颜色的对比搭配也很常见，重对比的情况较多一些，参见彩图 17。

───── 陈列小妙招 ─────

服装的色彩搭配从主款开始，主款为花色时，可以用提示搭配法和调和搭配法，主款为净色（彩色和基础色）时，可以用对比搭配法。

问题32·两三个模特的颜色和品类如何选择?

▼ 情景再现

某个陈列师曾经发来一张优秀品牌的陈列照片，三个模特的所有色彩都偏向于基础色，看起来比较平和。陈列师的困惑是，三个模特的色彩，除了鞋子颜色一样以外，八件衣服用了八种色，这样的 2~3 个模特出样可以吗?

▼ 实战演练

2~3 个模特的组合，在服装品牌店铺是最为常见的。在模特出样选择服装时，仍然是主款优先，然后在一定的框架内选择搭配款，选择主款的方式很简单：品类 TOP3。

举个例子，当气温在 10℃ 以下时，不管是男装、女装，还是儿童装、运动装、休闲装品牌，外套销售前三当中一定有羽绒服，此时，羽绒服就是模特出样主款的第一选择。那么，如果有两个或三个模特，是都出羽绒服吗?

这得看情况而定，即看主体顾客群的性别。女装品牌以女性顾客为主，男装品牌以男性顾客居多，童装品牌则女性顾客较多。下面以男装品牌和女装品牌为例，分别说明。

1. 男装品牌品类集中

主体顾客群为男性，大多数男性顾客的购物习惯偏理性，目的性较强，说买西装就去西装多的店铺。品类是男性顾客的第一吸引点。男装品牌 2~3 个模特出样时，品类集中（主款只出一个品类）比较好。

2. 女装品牌色彩集中

主体顾客为女性，大多数女性顾客的购买习惯偏感性，目的性不强，容易被外界影响，比如某些女性本来是去看裤子的，结果却买回了几件连衣裙、短裙和上衣。色彩是女性顾客的第一吸引点，而款式和品类就排在后面了，所以女装品牌 2~3 个模特出样时，色彩集中（主款只出一个色彩）比较好，参见彩图 18。

男装品牌是先选好主款品类（如羽绒服），再选择搭配款品类（如毛衫 + 休闲裤），色彩搭配合理并且整体协调就可以了。女装品牌是选好主款的色彩（如红色），再在主款色彩中选择品类（如羽绒服），然后选择搭配色（如黑色 + 卡其色），最后在主色和搭配色中选择其他主款和搭配款。参见彩图 19，左边两模特主色是橘色，右边两模特主色是米色，我们把这种两模特主色一致的情况称为"同色呼应"。两模特的主色互为对方的点缀色，称为"点缀呼应"。两模特的主色交叉，称为"交叉呼应"（如彩图 20）。

陈列小妙招

2~3 个模特出样时，主款品类出自当下销售 TOP3，男装品牌优先考虑"品类主题的一致性"，女装品牌则将"色彩主题的一致性"放在首位。

问题33·多个模特出样怎么挑衣服?

▼ 情景再现

某个陈列师问过我一个问题,某橱窗的四个模特在选择衣服时,既有大面积的红色,又有大面积的绿色,很随意,并没有考虑色彩结构的一致性和整体性,这样给多个模特挑衣服,合理吗? 参见彩图 21。

这张橱窗照片上的四个模特,共穿了六件衣服,没有颜色完全相同的衣服(1 模或 3 模的颜色并不一样)。类似的情况,我十多年前遇到过。江苏某个专卖店橱窗的三个模特穿了四件衣服,分别是枣红色连衣裙、绿色连衣裙、黑白条上衣和黑色七分裤,一问才知全都是畅销款。彩图 21 中四个模特穿的六件衣服是否也都是畅销款,我们无从得知,但多模出样时选择色彩一致性较高(或者不冲突)的衣服会更好一些,如彩图 22。

当橱窗或店内的某一组模特数量高达五个或六个时,其着装总件数很可能超过 20 件,你很难在一个侧挂上出齐五六套搭配,此时的服装选择就辐射出整个店铺,男女装方法略有差异,具体方法如下:

1. 女装——色彩构成相同,品类构成有较大差异

女装先确定多个模特的主色与搭配色,再围绕这 2~3 种色彩搭配多套衣服,每个模特的主要色彩构成是相同的,只是品类构成不一样,位置与面积也有所不同,如彩图 23。

图中主色为"红色",1 模的连衣裙,2 模的围巾,3 模的外套,4 模的毛衫,5 模的围巾和手包,均有相同的红色。第一配色为黑色,五个模特身上均有黑色,色彩的一致性比较高。品类方面,1 模羽绒 + 连衣裙,2 模背心 + 上衣 + 牛仔裤,3 模棉服 + 毛衫 + 短裙,4 模长外套 + 毛衫 + 长裤,5 模连衣裙,差异性较大,这符合女装的多样性。

2. 男装——品类构成相同,色彩可以有差异

男装先确定多个模特的主款品类和搭配品类,再围绕这 2~3 个品类搭配多套衣服,每个模特的主要品类构成是相同的,色彩构成可以相同,也可以不同。

有些人会说，如果天冷一点，我想在西装外面分别套穿羽绒服、大衣、风衣等各种外套，可以吗？可以搭配的，考虑到男性顾客的目的性较强，仍然可以品类一致地套穿，如图3-2-1。

图3-2-1 在西装外面套穿大衣

说到这里，可能有些人会问，如果到了春秋季节，我的多个模特也必须穿同一品类吗？这就得看情况了，例如休闲系列，会呈现出某些像女装一样的多样性，如薄外套这个品类，在款式上会有很多种，这就是相同或相似品类下的款式选择了，款式上可以丰富，但一定要保持同组风格的一致性。

陈列小妙招

多个模特出样时，女装首先确定色彩结构，然后在结构框架内搭配；男装优先确定品类，然后在相同或相似品类框架内，选择色彩和款式。

| 第三节 |
模特摆位与朝向

问题34·橱窗模特之间如何"互动"？

▼ 情景再现

　　某个男装品牌的陈列师给我发了两张橱窗照片，均是一男一女两个模特，男模特出样为西装套装，女模特穿的是像婚纱一样的白纱裙。该陈列师说他不喜欢第一张，男女模特分别看向不同的方向，没有对话和互动，像吵架了一样，如图 3-3-1。

图3-3-1　男女模特分别看向不同的方向

　　该陈列师很喜欢第二张橱窗照片，男女模特面对面相拥，他觉得橱窗模特陈列就一定要有互动对话的感觉，如图 3-3-2。

图3-3-2　男女模特面对面相拥

▼ 实战演练

那么问题来了，是否真的如他所说，橱窗模特之间一定要有互动和对话呢？

当然不是。事实上，在近十多年的服装品牌发展过程中，模特之间有互动的橱窗是非常少的，那种没有"眼神互动"和"肢体互动"的橱窗，占98%以上，如图3-3-3这种。

图3-3-3　橱窗模特之间没有互动

所以，橱窗模特之间互动，在某些时候可以，在某些时候并不合适，自然也不是必须做的事情。前面的图3-3-2，额外布置了一个"现实场景"，客观上并没有太大的帮助，某些顾客喜不喜欢并不重要。

无论是陈列师还是店长，在陈列橱窗模特时，带着主观意识也是很正常的，有些人就喜欢图3-3-2那种"亲密互动"的模特陈列，那么模特之间应该如何互动呢？

模特之间互动的橱窗不多，我们先看看下面这个例子。

图3-3-4　橱窗模特之间有互动

2月14日情人节，左边是五位女性给同一位男性送礼物的场景，右边是五位男性给同一位女性送礼物的场景，表现特征有两个：一是面对面，二是伸手。

可以看出，橱窗模特之间的互动表现形式，主要体现在两个方面：

1.手臂动作——服装品牌的模特，全身活动范围最大的就是手臂，通过肩部关节或手肘关节的活动，来做出各种各样的互动动作，包括握手、勾肩、搭背等。

2.面部朝向——通过面部朝向，让模特产生"对视"的感觉，再结合手臂动作，给人一种"交流与沟通"的错觉。

事实上，橱窗模特互动属于个性化陈列，不同的人做出来的手臂动作千差万别，很难复制。服装品牌的店铺规模有成百上千家不等，对于这种"模特互动"的个性化陈列，并不是特别热衷，规规矩矩的模特朝向与站位才能被广泛应用。

陈列小妙招

常规情况下，我们不需要橱窗模特之间的互动与对话的个性陈列。如果你想在个别店铺中尝试，着重点在"手臂动作"和"面部朝向"上即可。

问题35·橱窗模特朝向哪边?

▼ 情景再现

　　某女装品牌店铺的几名员工因为橱窗里面一个模特的朝向产生了争执,有些员工认为橱窗模特背对顾客是一种不礼貌的行为,而另一些员工则认为衣服背后很好看,适合背对顾客。到底谁说的是对的呢?

▼ 实战演练

　　橱窗模特的朝向问题,要先从橱窗的作用和模特的作用说起。

　　橱窗的作用——定位目标顾客群,让那些有效顾客想要进店。顾客进入一家商场,并不会逛遍每一家店铺,而是选择性地进入部分店铺。进哪家不进哪家呢? 除了看品牌 LOGO 之外,橱窗就成了决定进不进店的重要因素,这就是为什么有的橱窗很热闹,有些橱窗却很高冷。

　　橱窗模特的作用——让顾客关注穿着效果,并产生代入感后采取行动。顾客被橱窗里一个模特的着装色彩吸引并停留,此时他可能会想:"我穿上之后会不会也这么好看?""我孩子穿起来也是这样的效果吗?"这就会让顾客采取行动,进店要求试穿。

　　既然橱窗模特是为了让顾客产生代入感与行动力的,那么模特朝向哪一边的逻辑就清晰了,以模特的胸口朝向(非面部朝向)作为模特朝向,分别如下:

1. 正前方——"我希望别人关注这身衣服的正面效果。"

　　一般情况下,绝大部分衣服的设计点在前面,再加上大家看人先看脸,拍照也是正面照居多,所以大多数橱窗模特朝向正前方,如图 3-3-5。

2. 朝左或朝右——"我希望别人关注这身搭配的侧颜。"

　　有些衣服穿在人身上,侧面特别美,出样在橱窗模特身上时,常常以侧面示人,模特就会朝向左边或右边,如图 3-3-6 和图 3-3-7。

图3-3-5　橱窗模特朝向正前方

图3-3-6　橱窗模特朝向左边

图3-3-7　橱窗模特朝向右边

3. 左前方或右前方——"我觉得这身搭配微微侧身更好看。"

有些衣服穿在人身上，正面侧面的效果都不如"微微侧一点"的效果好，还不至于太单调，于是就有了模特朝向左前方或右前方的橱窗，如图 3-3-8 中第一个模特朝向左前方，第三个模特朝向右前方。

图3-3-8　橱窗模特朝向左前方或右前方

4. 朝向后方——"我觉得这身衣服的后背很迷人。"

有些衣服穿在人身上，背影效果非常好看，如同在路上看到一个背影很美的路人，让人想上前一睹尊容。这类衣服，我们有时会选择背向顾客，即朝向后方，如图 3-3-9 中第二个模特就是朝向后方。

图3-3-9　橱窗模特朝向后方

综上所述，橱窗模特朝向何方，主要由产品展示卖点决定，分别有正前方、左、右、左前方、右前方和后方共六个方向可供选择。

问题36·橱窗模特怎么站位?

▼ 情景再现

某家店铺有一个大橱窗，橱窗内有四个模特，员工搬出模特并做好地面清洁工作之后，将四个模特在橱窗里面一字排开，和下图比起来，略有不同。

图3-3-10　某店铺橱窗陈列

橱窗内没有任何道具，背景墙也是白色，四个模特着装形式各异，效果比上图要差很多。该员工对自己的模特站位并不满意，却不知道应该如何站位，怎么办?

▼ 实战演练

关于模特的站位问题，我们分成两种情况来讲。

第一种情况：模特作为橱窗的配角或点缀

某种类型的陈列道具大面积地布满橱窗，成为橱窗的视觉主体，而模特仅仅是该橱窗的配角或点缀，此时模特的站位随意性较强，没有太多的规律可以总结。如图3-3-11中的模特的位置左移或右移，甚至减少一个模特，对橱窗的整体效果影响并不明显。

图3-3-11　模特是橱窗中的配角

第二种情况：模特作为橱窗的主体

在大规模连锁服装品牌中，在橱窗中投入大量的陈列道具会导致成本急剧上升，大多数品牌会选择将模特作为橱窗的主体，减少陈列道具的使用，控制成本，此时模特就需要考虑站位了，如图3-3-12。

图3-3-12　模特是橱窗中的主角

常规情况下，我们将橱窗的地面三等分，也就是将从玻璃到背景的距离三等分，靠近玻璃的为"前位"，靠近背景的为"后位"，中间的为"中位"。一个橱窗内有 2~5 个模特，分别站在橱窗地面的"前位""中位"和"后位"上，如图 3-3-13。

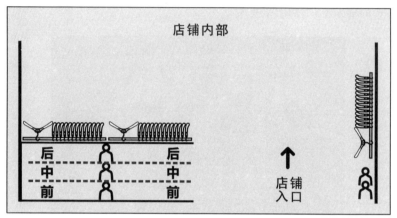

图3-3-13　橱窗的前位、中位、后位

2~5 个模特分别站在橱窗的前、中、后位，具体应该怎么站呢？有几种排列形状，分别是"直线形""三角形"和"多个三角形"。

直线形站位。两个或多个模特一字排开，站在橱窗地面的中间位置，常用于某款产品或某个品类的陈列强化（主推），如图 3-3-14。

图3-3-14　直线形站位

　　三角形站位。两个或三个模特前后错落，形成"A"字形或"V"字形，层次分明，如下两张图，分别为两个和三个模特的三角形排列站位。

图3-3-15　两个模特的三角形站位

图3-3-16　三个模特的三角形站位

　　多三角站位。四个或四个以上的模特，在橱窗内分组陈列，每三个（含道具）之间形成一个三角形，即构成多个三角形。整体看起来，有"W"形、"M"形、"N"形站位等，如图3-3-17。

图3-3-17 四个模特的多三角站位

当橱窗模特为两个或三个时，直线形站位在橱窗中并不多见，因为较少有店铺会在陈列时主攻某个单款或品类。反观三角形站位，则非常常见，可以广泛使用。模特数量达到四个及以上时，则可以进行分组陈列。

—— 陈列小妙招 ——

橱窗模特站位，主推单品或品类时，可以一字排开，其他情况选择三角形站位或多三角站位，均不太容易出错。

第四章

陈列规划与货品整合

新品陈列规划

问题37·新品该陈列在什么位置?

▼ 情景再现

　　某品牌店铺春装新品到店后,店长认为天气较冷,没有出样,暂时放在仓库当中,等待气温上升,在商品部门的强烈要求之下,才心不甘情不愿地将其陈列在后场角落里。请问新品陈列在这里可以吗?

▼ 实战演练

　　新品陈列在什么位置,这要从新品的作用说起。有些人会说,新品的作用不就是卖货吗?能卖就出样,不能卖的时候当然不用出样啦。真的这么简单吗?当然不是。相信大家都知道顾客"夏天买短袖短裤"和"冬天买毛衣羽绒"的客观事实,可是,大量顾客决定购买某个品类服装,是由什么决定的呢?是感觉吗?

　　可以说是感觉,更确切地说,是身体对温度的感觉。大量顾客在购买某个品类的衣服时,心里的决定因素需要满足下面两个条件中的任意一条:

　　1. "马上可以穿"——应季;

　　2. "下个月可以穿"——即将应季。

　　假设今天是3月1日,我们身在上海某家店铺中,图4-1-1是2月份气温走势图,请问接下来的3月各季各品类的销售走势会如何?

　　上海2月的气温大多在10℃以下,羽绒服正是"马上可以穿"的外套品类,但是"下个月可能穿不了羽绒服"的这一顾客心理,导致3月份的羽绒服销量必然下降，下降的这部分销量怎么办呢？

部分顾客会认为"下个月可以穿薄外套了"，在这个心理作用下，薄外套就可以产生销售业绩，正好可以补上羽绒服销量下滑的部分。这和很多公司年后有人离职，又招人补上缺口是一个道理。

所以新品的作用是弥补销量下滑，弥补应季货品销量下滑的那一部分销售业绩，新品的上市时间应该比应季提前一个月。

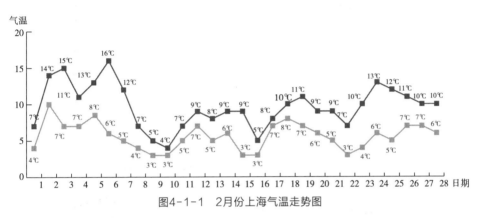

图4-1-1　2月份上海气温走势图

再回头看看开篇的案例，店长以应季为由，将新品放在仓库或陈列在后场角落的做法是错误的，没能让新品产生销售，去弥补"下个月穿不了"的当季货品的销售损失。所以，新品陈列要遵循以下几个原则。

外部橱窗出新品。传递新品信息，锁定买来"下个月穿"的那部分顾客，并且是所有外部橱窗出新品，不用担心购买应季货品的顾客不进店，如图4-1-2中两个橱窗都需要陈列新品。

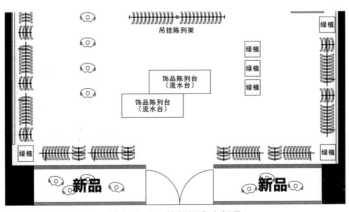

图4-1-2　外部橱窗出新品

新品陈列在前场（新品区）。 新品陈列在店铺，要离顾客比较近，左前场和右前场正是离进店顾客较近的新品区，常用来陈列新品，如图4-1-3。

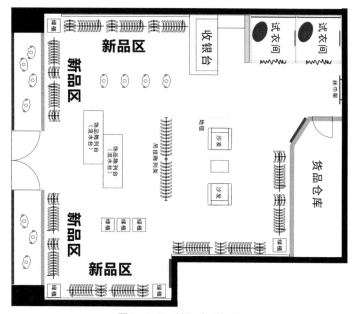

图4-1-3 前场陈列新品

新品独立陈列。 新品陈列在店铺，要有新品的独立位置，既不可以像天女散花一样穿插在之前的货品中，也不可以夹在两组之前的货品之间，图4-1-4为独立陈列在右前场的新品。（备注：新品数量与陈列面积有差异时，可通过货品整合来解决。）

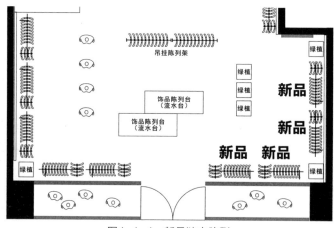

图4-1-4 新品独立陈列

说到这里，有些人会问，如果新品是两种风格差异极大的产品，比如说男装的西装（正装）与休闲服，要陈列在什么位置呢？

多风格新品陈列在各自入口处。 产品风格为职业和休闲两大类的男装，两种风格的新品可以陈列在各自半场的入口高架上，如图 4-1-5。

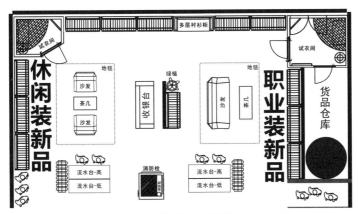

图4-1-5　不同风格的新品陈列在各自入口处

同理，有些品牌店内有女装、男装、童装多个种类，只需要当作三家店铺来陈列即可。女装新品陈列在女装入口处，男装新品陈列在男装入口处，童装新品陈列在童装入口处。

───── **陈列小妙招** ─────

新品要在橱窗出样，并独立陈列在各个店铺的新品区（入口处）。

问题38·每次上新品，陈列多大面积？

▼ 情景再现

某个女装品牌店铺上了两拨新品，店长很喜欢这季新品，就扩大了新品的陈列面积，新品陈列面积占了整个店铺的三分之二。经理觉得新品铺得太开阔了，会影响上季货品的销售。这样陈列（两拨新品陈列三分之二）可以吗？

▼ 实战演练

上一个问题中说过，每拨新品上到店铺后，一定要在橱窗中出样，并独立陈列在店铺前场。可具体陈列在前场多大区域，不能所有店铺一概而论，要取决于每家店铺的新老货品销量比例。倘若两拨新品的上周销售数量占比60%~70%，新品陈列面积占全店的三分之二也未尝不可，如图4-1-6。

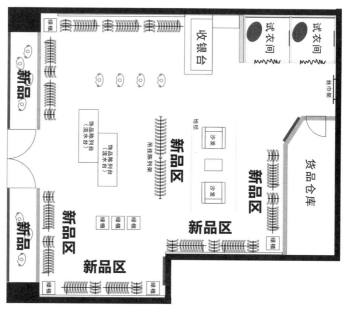

图4-1-6　新品陈列面积占全店的三分之二

目前市场上的男装女装品牌，每季新品大概分4~6拨上市，每隔两周或三周上一拨（间隔一周或四周的较少）。从理论上讲，每拨SKU数量都是几分之一，例如：某个店铺五拨新品，店铺可陈列100个SKU，该店每拨新品SKU数为五分之一（20个）左右，占比20%，每拨陈列面积也是20%，可事实会和理论上一样吗？

如果事实与理论一样，那么陈列管理就非常简单，商品部按每拨20%上新品，店长或陈列师只需要按每拨20%的面积陈列即可。可实际情况与理论相符的店铺可能连20%都不到，这就是陈列工作无法在办公室遥控管理的根本原因。

不同的店铺，虽然同一时间的新品陈列面积不同，但逻辑是相通的，每拨新品上市时，陈列面积是这样的：

第一拨新品上市时——陈列面积约 20%。第一拨新品一般是提前 2~4 周上市的，针对的客群是那些买来"下个月可以穿"的顾客，用于弥补当季货品销量的小幅下滑，货杆数占全场的 1/6、1/5 或 1/4，即 17%~25%，方便记忆则约为 20%。由于各店"新品区域货架结构"不同，一拨新品陈列面积又会在 20% 上下略有波动，如图 4-1-7 则为 13% 或 27%。

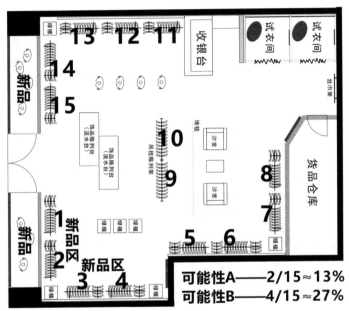

图4-1-7 第一拨新品陈列面积约20%

如果是男装品牌，店内有正装和休闲两种风格，第一拨新品的陈列就可能是左右场分开的，总的陈列面积仍然在 20% 左右。

第二拨新品上市时——陈列面积约 40%。第二拨新品的到店 SKU 数，完全可能受第一拨新品的销售情况而发生变化。从理论上讲，有多少老品销售下滑，就有多少新品销量补上。倘若第一拨新品"弥补老品下滑"的作用与预期相当，第二拨新品一般不会有太大变化，此时第一和第二拨新品的陈列面积可达 40%，如图 4-1-8。

第三拨新品上市时——陈列面积为 60%~90% 不等。第三拨新品上市的时候，整季新品已经上完一半或一半以上，到了新品的应季销售时间，新品的销量理应占大头（60% 以上），陈列面积视销量比例而定。由于新品处于上升趋势，在陈列面积上可以向新品倾斜，如上周新品销量占比 75%，本周新品陈列面积占比 80% 左右是可以的，如图 4-1-9。

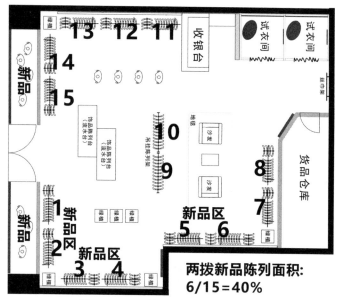

图4-1-8　两拨新品陈列面积达40%

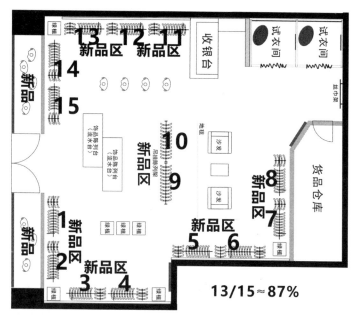

图4-1-9　三拨新品陈列面积为60%~90%

　　第四拨新品上市时——陈列面积 100%。第四拨新品上市的时候，老品已经全部过季了，就连第一拨新品的生命周期也没剩下多久了，所以全店

100% 的新品已变成必然，那么第五拨、第六拨就更不用说了。

──（陈列小妙招）──

第一拨新品的陈列面积一般在 20% 左右，第二拨新品上市时，新品的陈列面积为 40%，第三拨新品上市时，不同店铺之间的差异性最大，但陈列面积多在 60%~90% 之间，第四拨及以后就是 100% 了。在这个过程中，新品销量极差或极好都属突发情况，极好时可提前扩大陈列面积，极差时可调整陈列位置，下一个问题中将进行详细讲解。

问题39 · 新品销售比例与陈列面积不符怎么办?

▼ 情景再现

某个女装品牌店铺一季有四拨新品，第二拨新品到店后，店长将新品的陈列面积定为全店的 50%，如图 4-1-10。

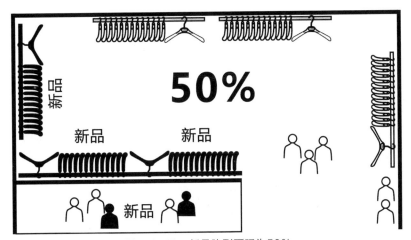

图4-1-10　新品陈列面积为50%

一周之后，新品销售数量的比例仅占上周销量的 25%，明显低于陈列面积比。店长想暂时压缩一下新品的陈列面积，将老品陈列面积扩一扩，这样做可以吗？

▼ 实战演练

我们在上一个问题中说过，不同店铺的新品销售情况会产生不同的偏差，偏差主要分两种类型：

1. 新品销售偏慢——新品销量低于预期，图 4-1-10 中新品占 50% 的陈列面积，仅贡献了 25% 的销量，这就是新品销售偏慢。

2. 新品销售偏快——新品销量高于预期，如果新品占 50% 的陈列面积，却贡献了 75% 的销量，这就是新品销售偏快。

新品销售偏慢或偏快，都是顾客群体的主观选择，我们需要根据顾客群体的变化顺势而为，以图 4-1-10 为例，具体调整方法如下：

1. 新品销售偏慢——强化陈列位置

图 4-1-10 的新品销售过慢，与其陈列位置有关。新品虽然有 50% 的陈列面积，但站在店铺门外看，只能看到一个新品橱窗，这会让部分顾客认为这家店铺新品太少，从而进入竞争品牌店铺选购新品，此时就要强化新品的陈列位置。

方法 A：各个品牌老品销售依然坚挺，可以"小力度"调整新品的陈列位置，使得在老品销量不变的情况下，新品销量小幅度上升，如图 4-1-11。

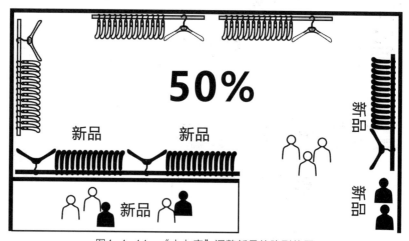

图4-1-11 "小力度"调整新品的陈列位置

方法B：老品销售在走弱，部分竞争品牌的新品销售势头强劲，本品牌新品疲软，这时则需要"大力度"调整新品的陈列位置，可略微牺牲一点老品的销量，让新品的销量大幅度上升，如图4-1-12。

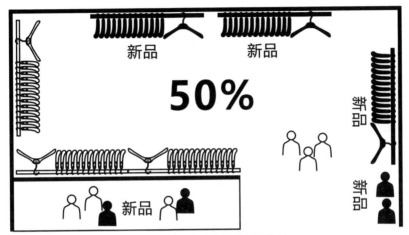

图4-1-12 "大力度"调整新品陈列位置

2.新品销售偏快——强化陈列面积

图4-1-10中新品占50%的陈列面积，陈列在不明显的位置，倘若还能产生75%的销量，那说明这家店铺的老品销售极其疲软，此时要削减"占着货架不卖货"的老品，扩大新品陈列面积，大幅提升新品销量来提升总销量，如图4-1-13。

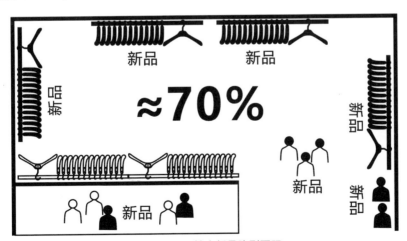

图4-1-13 扩大新品陈列面积

新品的销售偏差，影响因素主要有以下几个：

1. 气温变化比往年快——商品部参考往年气温与销售进度发货，今年的气温却提前变高或变低。

2. 气温不变导致季节变长——迟迟不降温或不升温，反衬出新品上货太早。

3. "看起来"的陈列面积小——橱窗与墙壁的遮挡，使顾客在店外看到的新品较少。

4. 员工推荐因素——部分店铺的员工因老品清货奖励等因素，刻意引导顾客买老品。

陈列小妙招

不管是什么原因导致的新品销售偏差，在陈列方面的纠偏方法就两个：新品销售偏慢时强化陈列位置，新品销售偏快时强化陈列面积。

| 第二节 |
畅销商品陈列规划

问题40·畅销商品陈列在什么位置?

▼ 情景再现

某个男装品牌店铺的员工在陈列时，将当季销售最好的几款大衣分别陈列在几杆侧挂当中（侧挂当中的品类非常丰富），说是为了带动侧挂上其他品类的销售，如图4-2-1。

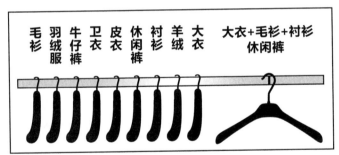

图4-2-1　将畅销款大衣陈列在品类丰富的侧挂中

将畅销商品陈列到如此丰富的品类当中，这样的陈列方式正确吗?

▼ 实战演练

商品的畅销、平销与滞销情况直接影响到它们的陈列位置，但不同类型的服装品牌，在陈列规划时统计畅销商品的方式是不一样的，分别是：

1. 休闲品牌先统计单款 TOP10，再看每个畅销款的销量与库存。原因是此类品牌款少量多，业绩以畅销 TOP10 为主力。

2. 女装品牌先统计色系 TOP3，再在每组色系中看畅销款。原因是女装的每杆侧挂的品类结构几乎是相同的，区别最大的是色彩和面料等。同款不同色，销售差异性都可能很大，例如某款冬装连衣裙，紫色卖不动，大红却畅销。所以，女装品牌业绩以色系 TOP3 为主力。

3. 男装品牌先统计外套、上衣、下装中的品类 TOP1，再统计这三个畅销品类中畅销前三名款。原因是大多数男顾客的目的性较强，品类导向为主，业绩以畅销品类 TOP3 为主力。图 4-2-1 中品类丰富的侧挂多用于女装品牌，偶尔用于某些"女化"的男装品牌店铺，和即将过季的"鸡肋式"产品。

那么，畅销商品陈列在什么位置这一问题，就可以变成三个或以上问题，如：

1. 休闲品牌畅销前十款陈列在哪里？

2. 女装品牌畅销前三色系陈列在哪里？

3. 男装品牌畅销前三品类陈列在哪里？

若以 100 平方米左右的店铺为例，并且假设畅销商品库存量都很充足，那么它们应该出现的陈列位置如下：

休闲品牌——右墙面或前场流水台堆积出样。右边畅销区是休闲装的主力陈列位，我们曾经见识过 TOP10 中的九款出自那面墙。另外，前场流水台也是休闲品牌的销售主场，畅销款以叠装的形式陈列，大面积堆积 + 正面出样，如图 4-2-2。

图4-2-2　前场流水台堆积出样休闲品牌畅销款

女装品牌——第一、二、三畅销区各占其一。若空间规划得当，这个面

130

积的女装店铺会有三个畅销区，且都在墙面上，右墙面中部（图4-2-3的1）、里墙（图4-2-3的3）和左墙面靠后（图4-2-3的2的右边），畅销色系 TOP3 在库存充足的情况下，各占一个畅销区。

图4-2-3　女装品牌三大畅销区

男装品牌——第一、二、三畅销区各自带队。 男装会按销售比例事先定好职业与休闲的分界线，两者分别分得一个和两个畅销区，然后定位主力外套的位置，最后给主力外套搭配较畅销的内搭和下装。某个冬天，羽绒服、大衣和西装是外套 TOP3 时，陈列就很可能是这个样子，如图 4-2-4。

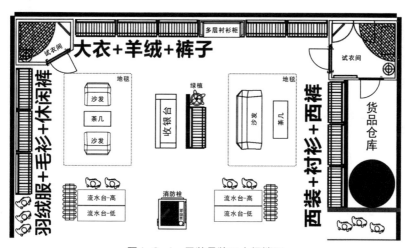

图4-2-4　男装品牌三大畅销区

在每个区域落定之后，再就是落实到单款了。此时，无论男装还是女装，点挂和模特出样都是库存量大的畅销款带队，搭配库存多的平销、滞销款一起卖。女装中的杂色可以弱化，男装中的杂品类（如卫衣仅一款）也可以穿插弱化进去。

陈列小妙招

在畅销商品库存充足的情况下，须优先陈列在畅销区、点挂与模特上。

问题41·畅销商品陈列多大面积？

▼ 情景再现

某女装品牌店铺有十杆侧挂，季中的时候，每杆侧挂上的货品由两种色组成，主色为下图中标明的颜色，搭配色为黑、白、灰、米、咖、驼等色彩中的一种，如图4-2-5。

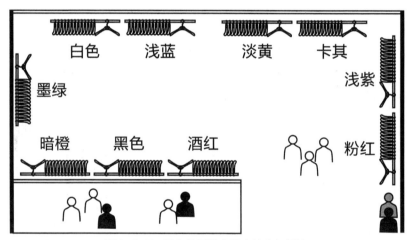

图4-2-5　某女装品牌店铺中的十杆侧挂

某一周结束之后，"墨绿"那组货品销量第一名，贡献了100件销量当中的35件，"白色"组与"酒红"组以25件和10件分列二、三位，"浅紫"组连续两周销量为0，"卡其"与"淡黄"的销量几乎可以忽略不计。店长将几杆货品陈列位置互调，更换了几个模特之后，就宣告陈列工作完成，请问这样可以吗？

▼ 实战演练

132

从陈列面积的角度看，10 组货品的陈列面积相同，均为一杆侧挂，其销售贡献却千差万别，"墨绿"贡献 35%，"浅紫"贡献 0%，"墨绿"、"酒红"和"白色"3 组货品的销量贡献 70 件，占比 70%，陈列面积却仅占 30%，很显然这样的陈列面积是不合适的，有点大锅饭的感觉。可以这样调整陈列面积，如图 4-2-6。

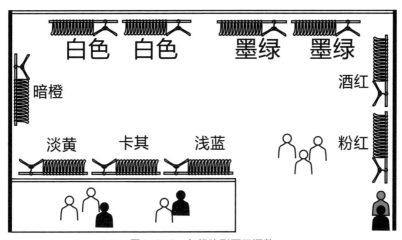

图4-2-6 各组陈列面积调整

1. "浅紫"组货品"消失"，搭配色并入其他组，"黑色"并入"白色"组和其他组。

2. "墨绿"组与"白色"组扩大陈列面积，主色略微重复出样，搭配色从其他组中抽调，重点可抽"浅紫"组与"黑色"组。

如此调整之后，"墨绿""白色"和"酒红"这 TOP3 的周销售件数，可能会从上周的 70 件上升到 100 件，而另外 5 组货品仍能销售 25~30 件。此时，周销可达 125~130 件，总销量上升，这就是我们调整陈列面积的目的。当然，前提条件是"墨绿"组和"白色"组的库存充足。

女装按色系，男装按品类。例如，某个冬季，冬外套销售前三名为正装西装、大衣和羽绒服时，有些店铺的陈列还是下面这个样子，如图 4-2-7。

很显然，当羽绒服销售能进外套前三名的时候，说明气温已经离 10℃很近了，此时风衣、棉服、夹克的销售数量基本上已经到了可以忽略不计的时候，此时就需要将前三名销量最大化，陈列面积调整可以这么做，如图 4-2-8。

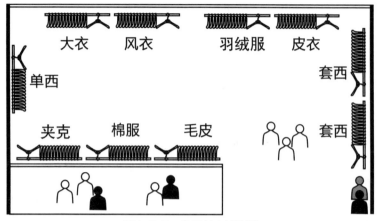

图4-2-7　冬季某店铺陈列

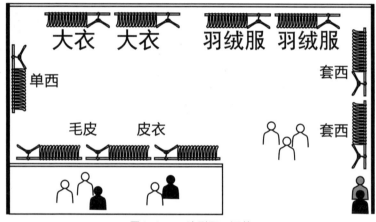

图4-2-8　陈列面积调整

1. 棉服、夹克、风衣三个品类各保留 1~2 款，插入其他品类当中。

2. 大衣、羽绒服、套西均陈列较大面积，分别搭配畅销排名靠前的内搭和下装，套西的搭配为衬衫和西裤，大衣和羽绒服的搭配则为毛衫（或羊绒）与休闲裤等。

陈列小妙招

畅销商品的陈列面积要适当扩大，目的是让畅销商品更畅销，从而提升总销量。至于扩大到多大才是临界点，要看周销售数量，当周销售数量不再上升时，差不多就到临界点了。

问题42·畅销商品库存不充足时，如何规划?

▼ 情景再现

　　某女装品牌店长按照我们上一个问题所讲的思路，将畅销的色系"墨绿"扩大陈列面积，该组货品销售飞快，两周后出现大面积断码现象。顾客喜欢却经常没码，流失了不少客单，请问此时应该如何陈列?

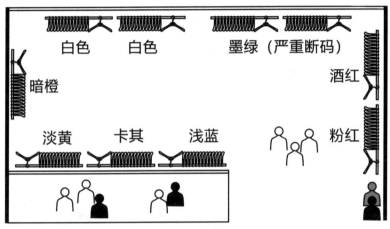

图4-2-9　畅销款断码

▼ 实战演练

　　这个问题正是"畅销小组"动态平移的结果，"墨绿"色系在一定时间内起到了"主力得分手"作用，现在它残缺了，接下来就该由第二、三名的色系将担子挑起来了。此时的做法是将"墨绿"色系压缩至一杆，将第三名的"酒红"扩大至两杆，如图 4-2-10。

　　所做的这些陈列调整，均以销量最大化为目的。最畅销的产品小组，陈列在最好的位置，占据最大的陈列面积，并且，最畅销的产品小组是不固定的，随着时间的推移，也是在不断变化的。

　　举个最简单的例子，足球场上的运动员，主力大多在 20~30 岁之间，当一个主力老了（30 多岁），体力跟不上了，就会有下一个年轻力壮的队友顶替他的位置，确保球队能够最大限度地赢下每一场比赛。店铺陈列也是如此，当畅销第一名的产品小组销售名次下滑时，它的陈列位置和陈列面积都会被弱化，让其他小组来挑大梁。

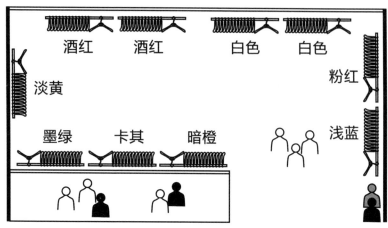

图4-2-10　畅销组货品陈列调整

男装当中也是如此。假设由于天气与产品本身的原因，原本销售排名第二、第三的大衣和西装，被毛皮（厚重）与皮衣取代，陈列该如何调整呢？如图 4-2-11。

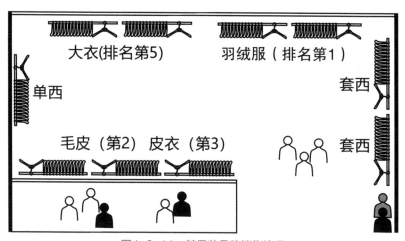

图4-2-11　某男装品牌销售情况

一般情况下，高单价的毛皮与皮衣在男装当中是很难冲到销售第二、第三位的，大衣与套西本身滞销，从而让出排名的可能性偶尔存在。若此类情况真的发生了，陈列规划也是要变的，可以这样做，如图 4-2-12。

羽绒服、毛皮、皮衣、套西等外套陈列在最重要的位置时，各组货品中搭配的产品就是较畅销的内搭和下装，如套西搭配畅销的衬衫，羽绒服、毛皮、皮衣等搭配畅销的毛衫、羊绒、休闲衬衫、休闲裤等。

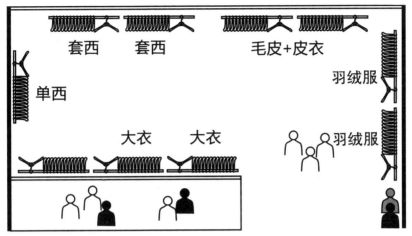

图4-2-12　品类陈列调整

　　需要注意的是，这种动态陈列调整的方案，不可能同时适用于所有店铺，因为每家店铺的销售与库存都是有差异的。比如说冬天很冷的时候，北方有暖气，毛衫比羊绒更畅销，而江浙一带的羊绒却是内搭销售第一名。同理，某些女装的大红色在某些店铺销售很好，在另一些店铺却销售很差。

───── 陈列小妙招 ─────

　　不同的店铺，每周的陈列都不近相同，畅销商品库存不足时的陈列规划方式也千差万别，唯一不变的是，我们要将最好的陈列面积与陈列位置给最适合的"货品小组"，方能得到最大的业绩回报。

陈列数量整合

问题43·店铺陈列多少件货品合适?

▼ 情景再现

某家女装品牌店铺新店开业时,因工厂生产延误,商品部仅给店铺发了一小部分货品,剩下的货品将在 3 天后补发,需要店长在现场看货架与发货清单,并判断货品是否够卖场陈列。店长看着满店的空货架,说"不知道够不够"。

那么问题来了,无论你是店长还是什么岗位,站在一家满是空货架的店铺里,如何快速计算卖场需要陈列多少件货品呢?

▼ 实战演练

一家店铺陈列数量的计算其实并不难,只需要将每杆货架的陈列件数加起来,便是店铺的总陈列件数。针对不同类型的品牌,我们一一分解如下。

第一类品牌。店铺陈列件数最好计算的品牌,是店铺内只有一种货架的品牌,国内很多女装正是这种类型。计算方法是:店铺陈列件数 = 单杆陈列件数 × 杆数。如图 4-3-1。

假如这家店铺连同中岛在内一共 13 杆货架,那么店铺陈列件数就是 16 × 13=208 件。

第二类品牌。有不少男装、女装、童装品牌的店内,虽然有统一长度的正侧挂架和中岛架,但同时还有一些模特和单出的点挂,如图 4-3-2。

图4-3-1　一杆货架陈列件数为16

图4-3-2　某童装品牌店铺

鉴于模特出样拿取不方便，模特穿的货品必定会重复出样在侧挂中，模特着装算作仓库存货，不计卖场陈列件数（仓库空空除外），点挂的出样件数与半杆数量接近，点挂折算为 0.5 杆货，计算方法仍然是：店铺陈列件数 ＝ 单杆陈列件数 × 杆数。上图标好数字的半场陈列件数就是 12×8.5=102 件，约 100 件。

第三类品牌。还有些品牌的卖场比较大，中场流水台不再陈列饰品，而是陈列多件叠装，并且中岛架有长短之分，如图 4-3-3。

图4-3-3　大卖场中的流水台和中岛架

这种情况下，我们会先确定一杆侧挂的陈列件数，再看其他形状大小各异的货架能陈列多少件，数字是否接近一杆侧挂的 0.5 倍、1 倍、1.5 倍或 2 倍。例如上图两层展台的 12 件和 16 件，均接近一杆侧挂 24 件的一半，当作 0.5 杆侧挂，旁边的一套衣服忽略不计，计算方法仍然是 24 件 ×5.5 杆 =132 件，约为 130 件。

第四类品牌。看起来最复杂的是某些运动品牌，单仓货架的长度虽然相同，但排列方式各异，有些只陈列 4 件，有些却陈列了 16 件，下面还放置了大量叠装，请问如何计算，难道一件一件地点数吗？如图 4-3-4。

图4-3-4　某运动品牌店铺

140

当然不用这么复杂，我们先将干扰因素一一剔除：

1. 叠装货品是上面产品的库存备量，不计入卖场陈列量，况且这种将叠装存放在侧挂下面的方式，只存在于仓库型卖场（如品牌U）和仓库极小的店铺中。

2. 第二仓模特着装产品同样属于重复出样产品，侧挂中必须出样，模特着装数量忽略不计。

3. 小饰品所占的陈列位置较小，可多可少，忽略不计。

此时，我们会发现图4-3-4一共7仓货架，约60厘米一仓，每仓的陈列件数分别如图4-3-5所示，总件数是82件。

图4-3-5　陈列件数计算

7仓共82件，平均每仓件数约为12件（82÷7 ≈ 12），我们再仔细检查一下其他墙面的平均单仓数量，接近的话就可以确定单仓的陈列件数了，长中岛架可以当作2仓，流水台可作为1仓。假设一家店铺墙面有40仓，中间货架可折算为15仓，单仓平均陈列件数也是12件的话，这家店铺的总陈列件数就是12件 ×55 仓 =660件。

───── 陈列小妙招 ─────

计算一家店铺的陈列件数时，只需要找到最多的"重复性货架"，并将其他货架按0.5倍、1倍、1.5倍、2倍折算成一种货架，再乘以"每杆陈列件数"，即为店铺总陈列数量。

问题44·货品累积太多，陈列不下怎么办?

▼ 情景再现

随着一拨又一拨的货品上市，某男装品牌店铺内货品越积越多，每杆侧挂上都挤得密密麻麻，明显已经陈列不下，考虑到所有货品均为应季产品，店长只能陈列得比较拥挤，类似于下图。

图4-3-6　货品陈列拥挤

▼ 实战演练

由于国内绝大部分店长都是"执行型"店长，店铺陈列量过多时，只能等待公司的退货指令，而公司的商品部极少发布退货指令，以至于很多店长就有了各种各样的措施，例如：

1. 将内搭穿进外套里面，下装吊挂到侧挂外套下面，以便节省陈列空间。

2. 将部分产品收到仓库，一周之后轮换一批产品，美其名曰"库房销售"。

3. 将大量产品强硬地挤在一起陈列。

我们在前面讲过，一杆货的 SKU 数多在 3~12 个之间，太多了顾客根本看不完。不要以为"看不完"没关系，先看一个真实的故事。

国内品牌华东某店，每月业绩 30 万元左右，长期排在楼层第三名，店铺陈列数量长期超标，陈列 12~15 杆货杆，每杆均陈列着 25~30 件货品，侧挂下方堆放着装满货品的纸箱。我们要求店长选择一部分（自己不想要的）货品下架，连同库存一起装箱退货，一共下架了卖场 40% 的货品，货架下方纸箱也从卖场移走。在人员不变、货品减少的情况下，当月业绩 40 万元，直接冲到楼层第一名。

这个案例告诉我们，每个店铺的陈列数量是恒定的，陈列 200 件货品的店铺，绝对不可以陈列 300 件或 400 件，那会对顾客质量造成一定的影响，最终会体现在销售数据上。当店铺陈列数量超标，陈列不下时，可以这么做：

1. 计算店铺的可陈列件数极限。（如 200 件）

2. 清点店铺内货品的实际陈列量。（如 240 件）

3. 算出陈列超标的大概件数。（如 40 件）

4. 找出店铺内最早上市的第一、第二拨货品，挑出即将过季的滞销产品下架。

5. 沟通公司商品人员，询问下架产品的去向。（如退货或调店）

6. 将留下的零散产品整合到后面几拨货品中去。（如彩图 24 即为粉色、紫色和白色重组的色系）

做陈列要顺势而为，卖不动的货品，强行留在货架上也没用，就算偶尔卖掉几件，也耽误了别的产品卖十几件的机会，得不偿失。该下架时就得下架，把机会留给产出更高的货品。

陈列小妙招

货品陈列不下只有一个原因，那就是上货数量远远高于下架数量。要想解决陈列不下的问题，办法只有一个，就是做到"上下架平衡"，有货上，就得有货下，店铺陈列方能正常化。

问题45・某种品类或色系SKU太多如何陈列?

▼ 情景再现

某家女装品牌店铺的店长说，店铺内红色产品较多，走进店铺一看，就能看到半场货架的侧挂是红色的，陈列面积占到 50%，这样的陈列方式可以吗？

有些人说，某一个颜色的产品侧挂太多，会导致顾客产生视觉疲劳之后快速离店，减少顾客在店铺的停留时间，会对销售成交产生负面影响，所以要用其他颜色分隔开。

▼ 实战演练

同一个颜色大面积出现，是否会对销售业绩产生负面影响，我们无从得知。到目前为止，还没有什么调研数据来支撑这一说法。当某一种彩色（如红、黄、绿、蓝、紫等）在店铺的陈列面积占到 50% 以上时，很多店长心里会产生疑虑，这倒是客观存在的现象。

店长产生疑虑，是因为这种现象在市场上不常见，常见他们就不会犯疑了，比如说黑色，若黑色陈列占比 50%（如图 4-3-7），很多人就见怪不怪了，这是什么原因呢？

图4-3-7　黑色产品陈列面积占比50%

原因只有一个——销售占比。很多店铺的黑色服装销售占比可以达到 40% 以上，50% 的陈列面积就不足为奇了，可大红、绿色、蓝色等彩色的销售占比能达到多少呢？往往 10% 都不到，如果让红色或绿色"看起来"占据 50% 的陈列面积，却只产生 10% 的销售量，店长心里不安就很正常了。

在男装品牌店铺中也有类似的现象，只不过不是色系，而是品类，下表是某个中高端男装店铺一周的品类销售件数，左列是正装，中列是休闲外套，右列是休闲上衣和裤子。从表格中可以看出，销量第一名的品类是羽绒服，24 个 SKU 周销量 30 件，占一周总销量 131 件的 23%，根据下表的数据，你会如何陈列呢？

11 月 19 日—11 月 25 日周销售与库存								
正装	库存	周销	休闲外套	库存	周销	休闲上下	库存	周销
套西上装	96	10	羽绒服	130	30	毛衫	118	16
单西	57	8	大衣	77	4	羊绒衫	53	8
正装长袖衬衫	200	26	皮衣	61	2	休闲长袖衬衫	104	4
套西裤子	123	10	风衣	33	1	休闲裤	233	12
西装背心	44	0	其他休闲外套	71	0	其他休闲上衣	157	0
合计	520	54	合计	372	37	合计	665	40

首先正装周销售 54 件，占 131 件的 41%，正装与休闲装的陈列面积比例约为 40%∶60%。店铺有 10 杆侧挂，休闲服会占到 6 杆。中高端男装陈列时，侧挂中除了外套，还需要加入内搭和下装（如下图），那么这 6 杆侧挂中，需要用几杆来陈列销售第一名的羽绒服呢？

图4-3-8　外套中加入内搭和下装

每杆陈列 4 款羽绒服的话，24 款羽绒服需要 6 杆侧挂，就会占到全店陈列面积的 60%，要么挤压大衣和皮衣的陈列面积，要么就得挤压西装的陈列面积，显然这可能会让大衣、皮衣或西装的销售下降，却不一定能通过羽绒服补回来，所以羽绒服的陈列面积应该在 3~4 杆侧挂，但是店铺有 24 款羽绒服，如下表。

品名	排名	款号	颜色	上市日期	库存	周销量	销售周数
羽绒服	1	600023	孔雀蓝	9.6	12	6	2
羽绒服	2	600016	深蓝	10.16	15	6	2.5
羽绒服	3	600017	藏青	10.16	11	5	2.2
羽绒服	4	600005	牛仔蓝	11.12	14	4	3.5
羽绒服	5	600056	深蓝	9.6	11	2	5.5
羽绒服	6	600037	深蓝	9.6	8	1	8
羽绒服	……	……	……	……	……	0	……
羽绒服	24	600067	黑色	11.12	6	0	……
合计	……	……	……	……	222	30	7.4

那么问题来了，以上两种情况下，应该如何陈列呢？

女装彩色（如大红色）陈列面积占 50%，产出不成正比，需要压缩此彩色（如五杆大红色）的陈列面积，压缩方法如下：

1. 并色——将两杆大红色侧挂中的 4~8 件大红色产品抽出，强行插入另外三杆大红色侧挂当中去，必要时，可以下架几款即将过季的大红色产品。

2. 并款——抽掉之后剩下的基础色，如黑、白、灰、米、咖等色，并入其他色系中，再扩大畅销色系的陈列面积。

男装品类（如羽绒服）陈列面积过大，产出不成正比，需要压缩此品类（如24 款羽绒服）的陈列面积，压缩方法如下：

1. 下架——选择几款严重滞销的雷同款羽绒服下架调走，给休闲品类外套的销量第二、第三名留出陈列位置。

2. 杀款——将羽绒服销售前五名中销售周数最短（卖得最快）的几款进行陈列强化（主推），让那几款快速卖完，给其他羽绒服腾位置，这就叫杀款。

陈列小妙招

　　女装某种色彩 SKU 太多时，可通过下架与并色方式压缩陈列面积。男装某个品类 SKU 太多时，可通过下架与杀款的方式压缩陈列面积。目的只有一个，就是达到整个店铺的周销售件数最大化。

色彩和风格整合

问题46·陈列规划应该"先分系列"还是"先分色彩"？

▼ 情景再现

某家面积为 50 平方米的女装品牌店铺陈列了三个系列的产品，分别是职业系列、休闲系列和时尚系列，各占三分之一，每个系列中的色彩都很丰富，红、橙、黄、绿、蓝、紫遍布店铺的每一个角落。店长在陈列时遇到了一个难题，就是"先分系列"还是"先分色彩"。

先分系列——三个系列分好后，每个系列中都有红色和蓝色，色彩很杂乱。

先分色彩——按色块分类后，所有红色陈列在一起，侧挂中的货品穿着场合都不一致，搭配性又不大好。

这个问题根源有两个：一是商品配发时没有侧重点，二是店铺面积太小。时至今日，购物中心越来越多，小面积店铺慢慢绝迹，商品人员专业能力逐渐成长，毫无侧重点的商品配发也会越来越少，但我们还是要说一说这种现象的解决办法。

▼ 实战演练

上述案例中，50 平方米店铺，三个系列中都有多种彩色时，陈列规划方法如下：

统计三个系列的周销量比例。从电脑中调出前两周的销售件数，假设上两周一共销售 200 件，其中职业系列 101 件，时尚系列 77 件，休闲系列 22 件，那么它们的销量比例就是 5：4：1，一般不存在三种系列销售一样多的情况。

拆掉销量占比最低的系列，并入另两个系列。 数据显示休闲系列占比最低（如 10%），则拆散休闲系列，全部并入风格相差较小的时尚系列。

按两个系列规划陈列面积。 拆掉最弱的系列之后，规划好另两个系列的陈列位置与陈列面积，如 5：5 或 6：4。

弱化两个系列中的滞销彩色。 以职业系列为例，假设红、橙、黄、绿、蓝、紫等彩色中，销售最好的彩色是蓝色、红色和紫色，那么我们就将另外 3 种彩色（橙、黄、绿）进行陈列弱化处理，如时尚系列的绿色销售不错，我们可以将职业系列中的绿色插入时尚系列中。最后的结果可能是这种，如图 4-4-1。

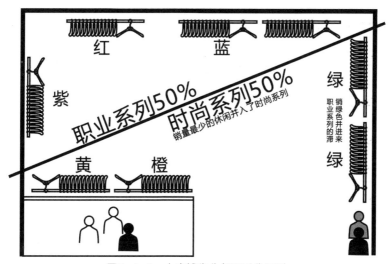

图4-4-1　小店铺先分色彩后分系列

这种状况只会出现在小面积（60 平方米以下）店铺当中，在"先分系列"还是"先分色彩"时，我们优先考虑"色彩划分的清晰度"，而在某些局部（侧挂）淡化系列性（风格），我们可以将这种处理方式总结为——小店先分色彩。

当店铺面积够大（150 平方米以上）时，必然先按系列分成三个区域，假设职业、时尚和休闲系列的销量比例仍然是 5：4：1，那么该店的陈列规划就是在 5：4：1 的比例上微调，例如 50%：35%：15%，然后再在三个区域内做各个色系的陈列规划，如图 4-4-2。

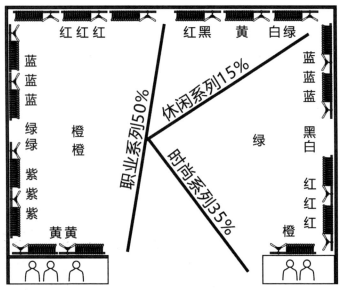

图4-4-2　大店铺先分系列后分色彩

遇到"先分系列"还是"先分色彩"的困惑时，可以记住一句话：小店先分色彩，大店先分系列。这类情况一般在女装品牌中发生，碰到这种情况，一定要根据销售比例来做出一定取舍才行，毕竟卖不出去的货品陈列在那儿也没用，还会拉低其他产品的价值感。

问题47·货品色彩太多太杂怎么做陈列?

▼ 情景再现

某女装品牌店铺新开店时，店铺员工将卖场出样的产品全部按品类挂了出来。由于没有收到陈列手册，员工并不知道哪些产品属于一杆侧挂，只好先分品类陈列，发现颜色非常多，并且很杂，请问该如何陈列呢?

▼ 实战演练

虽然这种情况在新开店时不常见，但色彩较多较杂的现象在女装品牌的季中季末时，还是有可能多次出现的，解决方法如下。

第一步：**色彩分类集中**。将全店货品按红橙黄、绿蓝紫、黑白灰、米驼咖等方式进行分类，相同或相近的色彩集中到 1~3 杆侧挂上，如大红、酒红、玫红、粉红等色就被集中到一起，花衣服取第一主观色，再用由深到浅（或浅到深）的方式排列好，如下图。

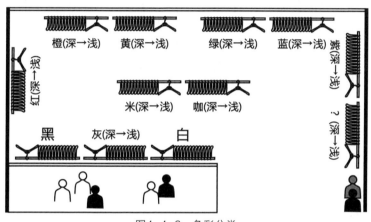

图4-4-3 色彩分类

第二步：**色彩重新组合**。色彩归类完成后，再根据各种彩色的 SKU 数，草拟每种彩色的陈列面积（杆数），如大红一杆、玫红一杆、黑白一杆。陈列面积确定后，再给每种彩色搭配基础色，如下图。

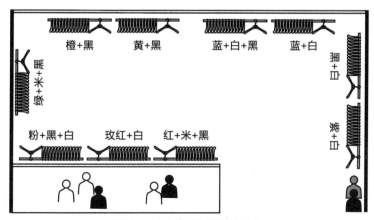

图4-4-4 给彩色搭配基础色

第三步：调整品类结构。色彩重整完成后,检查每杆侧挂的品类结构情况,春秋冬季必须确保每杆货品的三大品类（外套、内搭和下装）一种都不能缺,如下图。

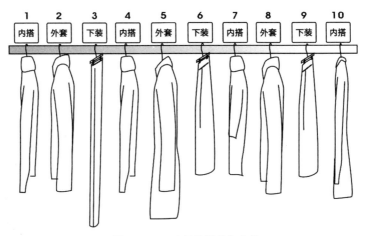

图4-4-5　确保品类结构完整

做完这一步,我们会发现色彩结构重组是做好了,陈列面积与货品结构也是吻合的,但还忽略了一点,那就是与销售比例是否吻合。例如蓝色色彩较多,陈列面积达到全场的30%,但蓝色的销售产出比较低,那么此时就要压缩蓝色的陈列面积,扩大畅销色系的陈列面积。压缩与扩大的具体方法,在问题45中已经详细讲过了。

色彩太多太杂的现象,在年轻品牌中比较多见,形成原因无非是以下几种：

1. 设计师或买手将多种流行色同时设计到一个波段当中。

2. 商品人员发货时没有太多的侧重空间,导致色彩杂乱。

3. 季中、季末时多拨货品挤压到同一时间与空间之下。

─── 陈列小妙招 ───

无论色彩杂乱的形成原因是什么,我们都需要做色系重组。色系重组的方法分三步,分别是色彩分类集中、色彩重新组合、调整品类结构。之后,就和平时色系正常时一样,按销售比例来规划陈列面积与陈列位置即可。

问题48 · 产品系列（风格）太多如何陈列?

▼ 情景再现

某男装品牌店铺的店长提到，公司的产品分为商务系列、休闲系列、时尚系列、轻盈系列、新锐系列和经典系列。公司要求店铺陈列出六个系列各自的风格，便于吸引各种类型的顾客。店长却发现六大系列分区陈列很困难，怎么办?

▼ 实战演练

系列太多的现象，在这几年的男装品牌中比较常见，主要原因有以下几种:

1. 品牌多元化——某些品牌发现市场上男装品牌越来越多元化，担心自己的品牌不做创新就会失去部分顾客，于是在原有系列的基础上增加新系列。

2. 产品年轻化——某些品牌发现现在的新生代顾客着装有年轻化倾向，担心自己的产品相对某些年轻品牌显"老"，于是在不放弃原有客群的基础上，新增年轻系列来讨好另一部分客群。

品牌多元化和产品年轻化都是在做加法，是品牌的一种商品策略，没有对错之分，实际差异会在不同店铺的销售数据上体现出来。产品年轻化后，有些店铺业绩增长，有些店铺的业绩却下降了，这就说明年轻化只适合于部分店铺，而不是全部。

落实到各个店铺的实际陈列时，就不能按照六个系列将店铺分成六个区域来陈列，因为顾客既然进来了，就不是按年龄来区分产品的。男顾客是以场合与品类优先的，这体现在很多男装品牌导购的"需求探询"话术当中:

"先生，请问看休闲还是看正装?"

"先生，请问找衬衫还是找裤子?"

所以，无论你的店铺有五个系列还是六个系列，落实到店铺陈列时，就只有两个系列——正装和休闲，然后在两个区域内的每个小区域分配主力外套、主力内搭和主力下装，如图4-4-6。

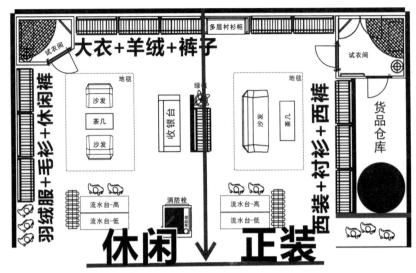

图4-4-6　正装和休闲两大区域

　　此店铺休闲装与正装销量接近五五开，所以这家店铺在做陈列规划时，两大区域的陈列面积差不多，左休闲右正装。休闲区的陈列品类一看就知道，此店铺休闲系列外套销售量的第一、第二名为羽绒服和大衣，休闲内搭销售量第一、第二名为毛衫和羊绒。

　　相信一定有人会问，那年轻系列怎么体现得出来呢？

　　这个问题问得很好，我们在问题1"点挂出什么样的货品"中讲过一个小故事，主力顾客为40多岁的女装店铺，因为点挂出样都比较年轻，导致销量急剧下滑，更换点挂出样后，销售业绩才恢复正常。可见，顾客年龄对产品销售的影响最终是体现在点挂和模特上，全国各地店铺在点挂出样时，要这样做：

　　1.测试顾客反应——拿部分模特和点挂出样年轻款，在不影响原来业绩的情况下，试试顾客的反应，如图4-4-7。

　　2.反应好则强化陈列——倘若年轻款的销售反应非常好，那就可以给它区域独立陈列，成为店铺的又一个业绩主力。

　　3.反应差则弱化陈列——倘若年轻款的销售反应很差，则说明该店铺的客群固化，不宜扩大陈列面积，那会对顾客产生负作用，让老顾客说出"太年轻了都没有我穿的衣服了"，此时将少量年轻款式出样在侧挂中即可。

　　如此陈列的目的只有一个——提升业绩（或维持业绩），对年轻化产品接受度高的店铺，我们就扩大，接受度低的店铺就保持原样，毕竟强扭的瓜不甜，强行将一家店铺的陈列年轻化或多元化，只会适得其反。切记：每家店铺的陈列规划方案都是不同的。

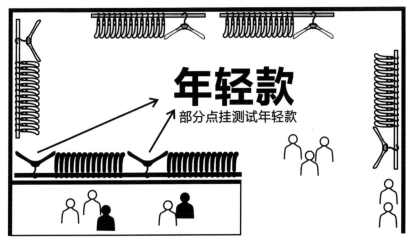

图4-4-7　部分模特和点挂出样年轻款

───── 陈列小妙招 ─────

六个系列是有点多了，在顾客看来，只有2~3个系列（上班穿、下班穿、见重要的人穿）就够了。产品的年轻化或多元化，最终体现在点挂上。

第五章

基本陈列常识与逻辑

| 第一节 |
单店陈列负责人

问题49·单店陈列由"陈列小帮手"负责可以吗?

▼ 情景再现

某女装品牌的陈列师说,他现在管理全国的店铺陈列很容易,因为每家店铺都设立了一名陈列专员,这些陈列专员就是自己的"陈列小帮手",平时由他们负责店铺的陈列调整就可以了。

他所说的"陈列小帮手",其实就是店铺的一名销售人员(也叫导购)。我们从很多品牌的店长那儿了解到,他们的店铺设立了四大专员,分别是VIP专员、货品专员、数据专员和陈列专员,四名导购各兼一职,偶尔还会轮换一下。这其中的陈列专员,就是陈列师所说的"陈列小帮手",陈列师直接对接多个"陈列小帮手",如图5-1-1。

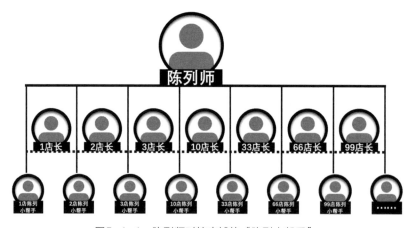

图5-1-1 陈列师对接店铺的"陈列小帮手"

那么问题来了，设立"陈列小帮手"，就能管好每个单店的陈列工作吗?

▼ 实战演练

我们曾经也做过"陈列小帮手"的项目，发现三个月时间内，终端店铺离职率最高的导购就是"陈列小帮手"。为此我们特地找了一些将要离职的"陈列小帮手"了解原因，他们的反馈中有以下几个重点:

1. 以前很喜欢陈列，所以才做陈列专员（"陈列小帮手"）。

2. 每周调陈列要花掉两天时间，做个人销售的时间变少，销售业绩下降，提成变少。

3. 其他员工都有自己的专职工作，陈列只能一个人调，很辛苦，调得不好还经常被店长和其他领导骂。

4. 公司发了几百元补贴弥补提成损失之后，调陈列就更没有人帮助了。

5. 自己不是店铺第一个离职的"陈列小帮手"，前面还离职了几个。

"陈列小帮手"这一概念是从 2006 年开始出现的，由某个品牌老板接受采访时提出，不到半年，该品牌就放弃了，却被许多品牌借鉴过来。严格来说，导购的核心职能是销售商品，在需要时配合调整局部陈列，如点挂、侧挂、模特、饰品等等，让他来规划陈列面积和陈列位置，就有点难为他了。

陈列面积与位置的规划，直接关系到下一周的业绩情况，这么重要的工作，店长怎么能置身事外呢? 所以，单店陈列的第一责任人是店长，店长负责整体规划，再分配四名导购进行局部陈列，如图 5-1-2。

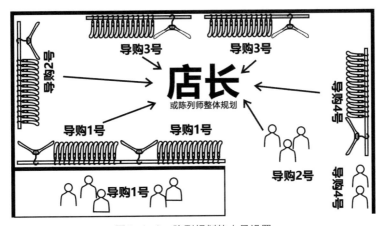

图5-1-2　陈列规划的人员设置

在以下两种情况下，由店长负责整体规划的陈列管理方式：

1.公司店铺数量不多，还没有设置区域陈列师。

2.区域陈列师负责店铺较多，暂时顾及不到。

店长作为单店陈列的第一责任人，对销售与库存负有最大责任，但由于店长在陈列方面的专业能力参差不齐，让专业的区域陈列师到店做整体规划是最好的选择，多店的陈列负责方式，就是这样：

1.店长对单店负责。

2.区域陈列师对区域负责。

3.陈列经理对所有店铺负责（如图5-1-3）。

图5-1-3 陈列经理对所有店铺负责

陈列小妙招

"陈列小帮手"是一种理想状态，并不能解决根本问题，是店长和陈列师共同减少自身工作量的一种方式，有"甩锅"嫌疑。要做好陈列，还是需要陈列师或店长撸起袖子带头干。

问题50·店铺陈列维护应该由谁来负责?

▼ 情景再现

某品牌领导巡店,发现某个城市的店铺陈列非常凌乱,顾客弄乱没有复原,卖掉货品没有补货。领导非常生气,不但对店长发火,还责怪陈列师没有负起责任。陈列师说这几家店铺自己一周去一次,店铺一天就弄乱了,自己也没办法。那么问题来了,这锅应该由谁来背?如何才能维护好店铺陈列?

▼ 实战演练

有些人会说,这当然是陈列师的管理工作没做到位呀,应该制定陈列维护考核标准,然后对各个店铺进行打分,并采取一些奖罚措施。陈列师没有这么做,当然是陈列师的责任。

听起来好像很有道理的样子,可我们不禁要问几个问题:

1. 卖掉的衣服要补货,这不是导购的基本常识吗?

2. 顾客弄乱的衣服要整理,这不是员工的分内工作吗?

3. 既然这些是员工的基本常识和分内工作,那他们做好这些事情不是应该的吗?为何还要采取奖罚措施?

4. 分内的工作做不好,难道不是店长等人不称职吗?

5. 店长等人不称职,不是应该再培训或者调岗吗?

所以,陈列维护的负责人是店长,分工负责方式可以是这样的:

1. 店长负责全店陈列维护。

2. 每名员工对自己卖掉的产品负责。

3. 每名员工负责一个区域。

所谓的陈列维护,本来就是店铺日常工作之一。成熟的品牌都会有"日常工作流程",甚至会有"导购评价表"和"店长评价表",由直接上级进行评价打分,作为员工加薪与晋升的参考条件之一,完全不需要陈列师来制定打分标准。

说到这里,有人会说,有些陈列师将衣服或模特做成很生动的造型(如

图 5-1-5 ），虽然非常漂亮，但是被顾客弄乱之后，店铺没人能够还原，这种事情难道不是陈列师的责任吗？

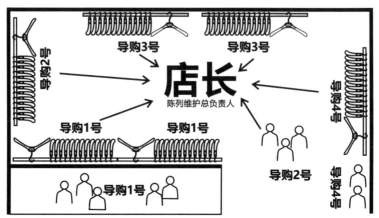

图5-1-4 店长负责全店陈列维护，每名员工负责一个区域

图5-1-5 给模特打造的生动造型

某些生动的造型，店长和导购不能还原成一模一样是可以理解的，但无论是模特还是流水台，都有无数种陈列方式可以替代，这并不能成为店铺的借口，归根结底，是店长日常管理的问题，是不能用"陈列维护标准考核"来解决的。

陈列小妙招

陈列维护工作属于店铺日常管理工作，属于店铺员工的分内工作，店长是主要负责人。

问题51·陈列检查的内容有哪些?

▼ 情景再现

某品牌陈列师到店,拿出一张"陈列检查表"对店铺进行陈列检查。检查内容有衣服出样尺码是否正确,衣服是否熨烫好,吊牌是否外露,灯光是否打正,模特风格是否统一,价签是否摆正,包包是否填充挺括等30多项。内容太多,在此不一一罗列,可网上搜索"陈列检查表"。那么问题来了,无论是陈列师检查,还是店长自查,这些检查内容恰当吗?

▼ 实战演练

要知道这样的检查内容是否可行,只需要深入了解结果即可,很多品牌的陈列部负责人问过我一系列问题:

1. 我们的陈列标准在终端店铺执行时,效果不是很理想,是怎么回事儿?

2. 陈列培训也经常做,还是时好时坏的,怎么回事儿?

3. 各种奖励措施都用过了,怎么还是没用?

4. 有什么办法让终端店铺按陈列标准来执行呢?

同理,深入了解之后你也会发现,陈列检查表中的内容,执行情况不甚理想,哪怕用上各种奖惩措施,仍然是有时好有时不好,这是为什么呢?

答案很简单,无论是陈列标准,还是陈列师检查的这些陈列细节,都不是店长和导购们最在乎的东西,他们最在乎的是业绩和提成,甚至有些店长会抱怨:陈列师不去想想怎么帮我提升业绩,整天搞这些没用的检查有什么用。

也就是说,陈列师认为自己的工作是让终端店铺按照自己定好的标准来执行,而店长们希望的是陈列帮自己提升业绩。目标都不一致,如何能有好结果呢?所以陈列检查的内容不应该是陈列细节,而应该是陈列规划,分别有:

1. 畅销区陈列

店铺内的两三个畅销区,往往能产生每周60%以上的销售业绩。如果陈列的货品系列或品类不当,或库存不足,将直接关乎下周的销售业绩,畅销区大概位置如图5-1-6。

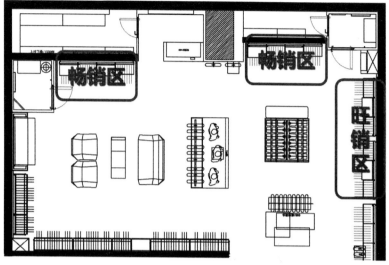

图5-1-6 店铺畅销区位置

2. 点挂与模特

点挂、模特与顾客的匹配程度，决定了顾客的试穿意愿，同时也决定了 TOP 款的销量最大化。当下时间段内，畅销前三名的品类是否大面积出现，库存量大的滞销、平销款是否有畅销款搭配带队，关乎到业绩与售罄率，位置如图 5-1-7。

图5-1-7 点挂与模特位置

3.橱窗价值感

橱窗的作用并不是吸引人，而是快速识别有效顾客，甚至是剔除掉无效客群，橱窗呈现不当，会错过一些潜在的大顾客，这就是为什么有些产品永远不能出现在橱窗里，这关乎下周的业绩和平均销售折扣。

以上三点，全部和店铺下周的销售业绩相关，正好是店长在乎的重点内容，这才是陈列检查的重点工作。除此之外，还可以检查侧挂色彩结构、侧挂品类结构、陈列面积比例等等，至于说吊牌外露、衣服熨烫、灯光照射等陈列细节，反而是重要程度最低的内容，属于店铺员工每天的分内工作。

─────── 陈列小妙招 ───────

检查店铺陈列时，重点检查畅销区、点挂、模特和橱窗的陈列。这些根本无须陈列检查表，心中有数的陈列师，扫一眼就能看出来。

| 第二节 |
陈列调整相关常识

问题52·白天或周末调陈列会影响销售吗?

▼ 情景再现

　　某陈列师每天往返于城市各个店铺之间,需要她陈列的店铺有数十家之多。为了尽可能地顾及所有店铺,有时候,她周末也会出现在店铺调陈列。这数十家店铺当中,有一位负责五家专卖店(街铺)的区域经理,坚决不让陈列师在白天或周末调陈列,理由是会影响销售业绩。

　　这给陈列师的时间安排增加了一些困扰。那么问题来了,白天或周末调陈列真的会导致销售业绩下滑吗?

▼ 实战演练

　　先看一个案例,某年夏天,陈列师小 A 调过陈列之后准备离店,店长告诉小 A:"你每次来我们店铺调陈列,我们的业绩都很好,你以后要经常来我们店啊。"陈列师小 A 以为这不过是店长的客套话,偶然现象而已,没有太在意。后来又听到其他店长也这么和小 A 说,小 A 事后查看销售数据,发现这些店长所说的情况属实。小 A 调陈列的当天业绩较好,是因为小 A 的陈列调得好吗?

　　当然不是,经过多年观察与研究发现,大部分顾客有从众心理,吃饭都喜欢去人多的馆子,逛服装店铺也喜欢进人多的店铺。

　　服装店的人气一旦旺起来,生意自然就好起来了。陈列师小 A 身上发生的事情,并不是因为陈列调得好,而是多名陈列师一起调陈列的时候,店铺内人气上升，让某些顾客以为里面客人很多，便参与了进来，共同将店铺内的人气带旺了。明确一点说，是小 A 等几名陈列师调整陈列的过程，吸引了从众的顾客进店参与，使销售业绩有所上升。

关于白天调陈列，我们得出以下几个结论：

1. 白天调陈列的过程，是不会导致销售业绩下滑的。

2. 多人调陈列，能让店铺热闹起来，反而可能带动当日业绩上升。

3. 白天调陈列时，点挂和模特出样不对，则可能导致第二天业绩下滑。

那么周末调陈列会怎样呢？也会带动业绩有所上升吗？这不一定，主要看客流情况，分别有以下两种：

1. 客流量小——随着国内购物中心遍地开花，顾客被严重分流，现在很多服装品牌店铺的周末客流量与周中差不多，这种情况下，周末调陈列也是不会让销售业绩下滑的。

2. 客流量大——某些服装品牌店铺的周末客流量要比周中大一倍，员工接待起来比较忙碌，找衣服的时间也要短，倘若此时调换了货品的陈列位置，则会影响到员工的找货时间，可能导致某些客单的流单。所以，客流量比较大时调陈列，的确会导致业绩受损。

说到底，白天或周末能否调整陈列，关键因素不是时间，而是客流量。周一至周五也会有客流量很大的时候，周六周日偶尔也会冷冷清清。冷场时完全可以进行陈列大调整，旺场时则只需快速补货和更换部分点挂货品即可。

陈列小妙招

白天或周末都可以调陈列，但一定要在客流量较小的时候，客流大的时候要避开。

问题53·陈列应该多久调一次?

▼ 情景再现

某店长接到公司陈列部的电话,要求回传本周店铺陈列照片,可店铺本周还没调过陈列。忙碌的店长让员工将几杆货品互换位置之后,就开始拍照回传,一边回传一边抱怨说:"非让一周调一次陈列,都不知道有什么好调的。"那么问题来了,陈列一定要一周调一次吗?

▼ 实战演练

陈列调整有多种理解,花十分钟换一组模特是调陈列,花两个小时调整整个店铺也是调陈列。我们根据调整幅度的大小将调陈列分为三种情况:

1. 大调——调整陈列面积与陈列位置等,是全店调整。

2. 小调——更换部分模特与侧挂结构等,是区域调整。

3. 微调——更换个别模特或点挂的商品,是局部调整。

上面案例中店长应付公司的陈列调整,可算作小调。而店铺进行陈列调整都是有原因的,最为常见的第一大原因就是"新品到店"。上新品必然是要大调的,那么大调是多久调一次呢?这要从各个店铺的新品上市频率说起。除了极少数品牌以外,大部分品牌的上货间隔时间为1~4周,分别是一周一次、两周一次、三周一次和四周一次。

凡是上新品的那一周,是一定需要进行大调的(1000平方米以上的大店铺除外)。上面案例中,店长之所以抱怨,正是因为店铺没上新品也让她大调陈列。那么新问题又来了,没上新品就不用大调陈列了吗?

当然不是,陈列大调的第二个原因是"生命周期更迭"。一拨货品到店后,看似可以销售三个月(十三周),但随着新品的不断上市,前面的货品会被后面的货品挤掉,因而一拨货品在店的实际销售时间可能不足两个半月(十周)。在这十周时间里,每拨货品都有陈列在好位置上的机会,销量与库存的变化,决定了货品陈列位置与陈列面积也要产生变化,这个变化就是陈列大调,这个时间在两周左右。

接下来说小调。某些周末生意火爆的店铺,会选择在周一和周四(或周五)

来调整某些区域的陈列，周四（或周五）是为了迎接周末销售，周一则是残局重整，为周中做准备。某些店铺的周末虽然销售不火爆，但周末也会让一些侧挂上的部分货品卖断码，在这种情形下，周末前与周末后进行两次梳理性的陈列小调是有必要的。

至于说微调，更换个别模特或点挂，调整流水台饰品，这些陈列工作每天都可以做，完全可以并入店铺的日常店务工作中去。

───────────（ 陈列小妙招 ）───────────

陈列大调的频率为"两周一大调"和"上新品大调"，区域小调则是"周末前"与"周末后"，微调则随时都可以。

问题54 · 新开店铺陈列工作有哪些?

▼ 情景再现

某地级市新开的一家专卖店为赶在 5 月 1 日开业，晚上 11 点装修结束后开始进行卖场货品出样。挂样时发现衣架和裤架差一半，货品也不充足，无奈之下让司机连夜开车去，凌晨 3 点叫醒仓库同事取货返回，终于赶在开门营业前将陈列工作做完。那么问题来了，新开店的陈列工作有哪些?

▼ 实战演练

其实，衣架、裤架与货品的发放均不是陈列师和店长的工作，但这些东西的缺失会延误陈列时间，耗费店铺员工的体力，间接影响开业的工作精力。所以，陈列师或店长要提前做好准备工作，具体步骤如下:

1. 拿到店铺平面图，计算卖场陈列量与所需铺货量

找店铺设计部门拿到店铺平面图，可以计算出卖场需要陈列多少个 SKU，同时根据预计周销量，计算出所需的铺货量，如图 5-2-1。

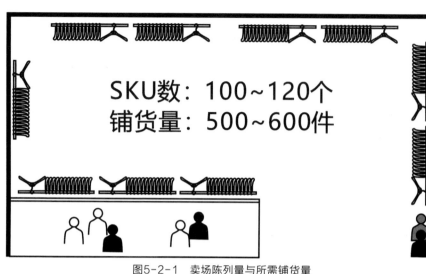

SKU数：100~120个
铺货量：500~600件

图5-2-1 卖场陈列量与所需铺货量

倘若上图为店铺平面图，每杆点侧挂陈列 10~12 个 SKU，那么卖场的陈列量为 100~120 个 SKU。再假设周销量为 100 件 / 周，全店货量按五六倍周转来计算，则铺货量应为 500~600 件。

2.拿到配货清单，核对 SKU 数和铺货量

找到商品配发部门拿到货品配发清单，看看 SKU 数与铺货量是否在合理范围内，如不够，需沟通补发或调货，如下表。

店铺名称	系列	款式编号	款式大类	SKU 数	铺货量
A1 专卖店	10 月 09 日系列 14			11	75
A1 专卖店	11 月 13 日系列 17			10	57
A1 专卖店	10 月 23 日系列 21			12	58
A1 专卖店	08 月 07 日系列 5			12	67
A1 专卖店	10 月 23 日系列 20			9	63
A1 专卖店	09 月 18 日系列 8			8	42
A1 专卖店	08 月 07 日系列 2			10	53
A1 专卖店	07 月 17 日系列 1			8	39
A1 专卖店	07 月 17 日系列 23			2	9
A1 专卖店	07 月 17 日系列 24			2	8
A1 专卖店	07 月 17 日系列 3			5	31
A1 专卖店	08 月 07 日系列 4			10	38

店铺名称	系列	款式编号	款式大类	SKU 数	铺货量
A1 专卖店	08 月 28 日系列 7			9	66
A1 专卖店	09 月 18 日系列 11			10	71
A1 专卖店	09 月 18 日系列 6			8	46
合计				126	723

倘若上表为实际发货清单，比我们测算的略多出一点，说明货品充足，完全无须担心，只须知道发货时间与到达时间就好。

3. 核实相关道具配发数量与结构

找到物料配发部门，核实模特、衣架、裤架、饰品架等各类陈列道具的数量和结构，看看是否与自己计算的数量相符。

模特数量是根据平面图上所需模特来计算的，衣架、裤架的数量是根据卖场陈列量来算的。如图 5-2-1 所示的卖场，出样数量为 100~120 件，衣架、裤架比例可以是 3：1，衣架 75~90 个，裤架 25~30 个。为保证稳妥，还可以增加到衣架 120 个和裤架 40 个。

4. 跟踪货品与各类道具的到店时间

找各个配发部门拿到发货清单与联系人电话，由店长安排人员跟进到店时间，确保准备陈列时送达。

5. 跟进装修完成时间，安排货品拆箱与熨烫出样

店长跟进装修时间是否会提前或延后，合理安排接下来的拆箱、点数、入仓、出样、熨烫、模特组装等事项的工作时间。

6. 货品分类、陈列规划与局部陈列完成

这个步骤也就是单店的陈列过程，包括货品分类、陈列规划、点侧挂陈列、橱窗陈列、模特出样、饰品区陈列等等。

──── 陈列小妙招 ────

一家新开店的陈列工作当中，有几个关键词，分别是：店铺平面图、配发货清单、模特衣架等陈列道具清单、到店时间、出样安排、陈列流程等。

| 第三节 |
其他基本陈列常识

问题55·店铺内的死角或滞销区域怎么做陈列?

▼ 情景再现

某店长说过一个有趣的问题,她的店铺内有一个死角,去那边选款的顾客很少,导致那个角落几乎没有业绩产出。店长为提高那个角落的利用率,将最畅销的一组货品陈列在那里,结果如何呢?那个角落的产出果然提高了一点,然而一周的总销售额下降了。问题来了,那个死角要如何陈列呢?

▼ 实战演练

死角也就是我们所说的滞销区,店铺在进行设计时,常常会因为承重柱的位置和店铺形状等原因,形成或大或小的滞销区。这种特殊原因形成的滞销区并不常见,最为常见的滞销区是位于左橱窗背后的"动线末端"位和位于右橱窗背后的"视觉盲区"位,如图5-3-1。

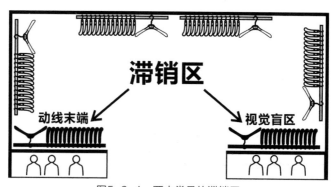

图5-3-1 两大常见的滞销区

视觉盲区：大部分顾客的习惯是向"左前方"扫一眼的同时，从右边进入卖场，当顾客将目光收回来的时候，已然走过了右橱窗背后区域。所以这个地方虽是大部分顾客进店的必经之路，却是一个视觉盲区，陈列在此处的商品容易滞销。

动线末端：大部分顾客的行走习惯是从右边进店，逆时针转店铺一圈，从左半场离店。左橱窗背后正处在顾客"逆时针动线"的末端，大部分走到这里的顾客，要么是已经在中后场买好了，要么就是准备空手离店，所以陈列在这个位置的商品也容易滞销。

我们发现，一些经验丰富的店铺设计师会将左右橱窗设计成通透的，橱窗和模特背后没有背墙和货架（如图5-3-2），这样的好处是规避滞销区，减少卖场所需SKU数与常备库存量，加快商品流转。

图5-3-2　通透式橱窗

如果你不太理解的话，我给你算一笔账：假设一家女装店铺有12组点侧挂，包含左右橱窗背后的2组（如图5-3-3），倘若每组平均陈列12个SKU，那么卖场的陈列量为144个SKU（12×12），再假设全店库存总量为卖场陈列的6倍，则总库存为144×6=864件，周销量为100件时，销售周期为8.6周（864÷100）。

若店铺设计时，左右橱窗背后通透，没有第11组和第12组货品，相信仍然可以做到周销量100件，此时卖场的陈列量为120个SKU（12×10），全店库存总量为卖场的6倍时，总库存为120×6=720件。同样周销100件，销售周期为 7.2 周（720÷100），这就比 8.6 周要快 16%，对提高售罄率和利润很有帮助。

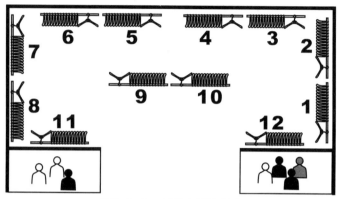

图5-3-3　12组点侧挂陈列

如果店铺设计时，滞销区已经存在，并且知道那里的产出几乎可以忽略不计，那么陈列规划时，可以这么做：

1. 当其不存在——陈列规划时，忽视图 5-3-3 的 11 和 12 两杆货架，将剩下的货架当作全场所有货架来规划货品的陈列位置和陈列面积。

2. 仓库货填充——当规划完成后，再从仓库中重复出样或重组两组货品，陈列在 11 和 12 的位置，这样不至于将店铺的常备库存与周转率数字拉高。

────── 陈列小妙招 ──────

滞销区的存在，如同店铺刚开门的那半个小时，绩效产出几乎为零，你将最好的商品或员工安排在那儿也是浪费，因而不要将大量的资源和精力放到那里，最大限度地陈列弱化即可。

问题56·特卖场与促销怎么做陈列？

▼ 情景再现

某女装品牌参加商场的大型店庆活动，几天几夜通宵营业，折扣力度很大，虽然销售的主要是上一年的旧货，但陈列师仍然将店铺陈列调得和新品店铺一样漂亮。活动第一天，客流量爆增，店铺内挤满了顾客，店铺陈列乱成一团，很多顾客想找的货品找不着，流失了不少的销售业绩。晚上改为品类集中陈列之后，第二天业绩好了一些。

后来又有一次季末促销。陈列师按品类陈列，销售业绩却比隔壁的竞争品牌差了一大截，于是照着竞争品牌的陈列来调整。请问这是怎么回事呢？特卖与促销到底要怎么陈列呢？

▼ 实战演练

大型特卖活动时，顾客数量大，质量相对不高，品类目的性较强（例如趁着大型特卖活动去买大件商品）。由于人流量非常大，衣服被取下的频率非常高，像新品一样陈列就不易归位，且不好找货，成交数（小票数）会受到影响。季末促销的人流量与平时相差不大，按品类分又会降低产品的价值感，顾客成交质量（客单价）会受到影响。

所以，特卖或促销的陈列方式，要看客流量大小，客流量不同时，陈列方式也不同，一共有以下几种：

1. 新品陈列方式

某些小型促销活动，仅对极少数货品进行促销，客流和平时无异，此时只需要按照原来的陈列方式增加局部促销标识即可，如图5-3-4。

图5-3-4　局部促销标识

2.分折扣陈列

某些中小型促销活动，全店有两三种折扣，由于是品牌自己的促销行为，客流量并不是很大，此时只需要先按折扣分区，再在各区中按色系或品类搭配即可，如图5-3-5。

图5-3-5　分折扣陈列

3.分品类陈列

某些大中型特卖活动，人流量较大，为了方便顾客找货，常常按品类分区域陈列，分成裤子区、毛衫区、衬衫区等等，如图5-3-6。

图5-3-6　分品类陈列

4.分价格陈列

某些大中型店铺，货品多，人流量大，顾客自选为主，为了方便顾客找货的同时快速知道价格，往往会按价格来分区，或者是先分品类，再分价格，如图5-3-7。

图5-3-7　分价格陈列

5.分尺码陈列

某些大中型特卖到了后期，货品大量断码，顾客会因为没有尺码而失望离去。这时我们可以将货品按S（小码）、M（中码）、L（大码）和XL（特殊尺码）来分区，减少顾客的流失。这种陈列方式一般用得比较少。

当然，特卖与促销时的商品与商品折扣率，也会对客流量产生影响，商品与客群的匹配度非常重要。

——陈列小妙招——

在促销与特卖的陈列方式选择上，客流量是最重要的考量因素。最常用的陈列方式有分折扣、分品类、分价格这三种，分尺码的陈列方式一般很少使用。

问题57·如何让老产品焕发新光彩？

▼ 情景再现

某女装品牌因去年库存积压较多，今年夏天减少了新款的下单，将去年的夏装发到店铺销售。店长小C的店铺内，往年夏款占35%，陈列面积也占30%左右，但卖得并不是特别好。那么，如何让老款服装焕发新光彩，从而得到更好的销量呢？

▼ 实战演练

为了控制库存，将老款放在店铺销售的现象，在少量中小规模品牌当中还是比较常见的，在加盟商当中就更多了，原因是他们没有较好的库存处理方式，只好放在店铺中销售完为止。

再回头来说说店长小C的店铺，老款夏装占比和陈列面积比都不低，但购买力并不高，原因就出在陈列方式上。

我们将店铺的货品分成三种色彩，分别是：

1. 彩色——明暗程度不一的红、橙、黄、绿、蓝、紫等色。

2. 花色——由多个颜色组成的产品，如花纹、格子、条纹、动物图案等等。

3. 基础色——黑、白、灰、米、咖、驼等用来搭配的常用色。

一件白色的衬衫或一条黑色的裤子，都是基础色，顾客看到了，也不能确定是不是老款。最容易被看出是老款的就是去年流行的花色，这是问题的根源。

既然知道了问题的根源，我们要做的工作就是抽取老款花色产品，小面积陈列，将老款中的基础色打散到店铺的新品侧挂中去，如图5-3-8。

这种陈列方式就可以让店铺看起来只有极少的老款，避免引起顾客担忧而更换品牌。

以上为老款与新品均为正价销售的情况。还有一种情况，某些店铺会将老款5折销售，此时已经是促销了，可能会流失少量购买新款的顾客，但也会带来一些购买折扣款的顾客，陈列手法就不能再使用"天女散花"的方法插入新品中了，而需要按折扣分开陈列，如图5-3-9。

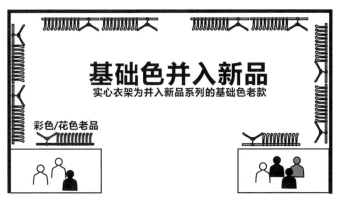

图5-3-8　花色产品小面积陈列，基础色产品并入新品

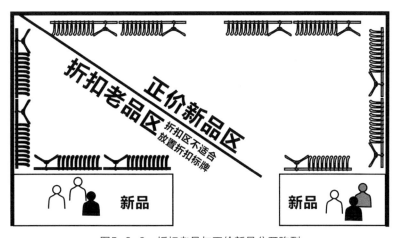

图5-3-9　折扣老品与正价新品分开陈列

　　这样同季不同价的货品配置出现在同一家店铺内，我们并不赞同。虽然能够在短期内提升一点销售业绩，却会降低顾客质量，长远来说对利润会有损害。所以，我们不会在老品折扣区放置折扣牌，既抓住一些低质量顾客，又避免降低老顾客质量。

陈列小妙招

　　两年货品都在店时，老顾客对去年流行的花色产品会比较敏感，所以上一年的花色产品和亮色产品尽量弱化或者不出样为好，销量可以从其他基础色老款那里补上。有舍才有得，老款的基础色则以"天女散花"形式来销售，老款有折扣时，就要按折扣分区来陈列。

第六章

特殊陈列应对

| 第一节 |
商品特殊情况应对

问题58·一手码的新品陈列怎么做?

▼ 情景再现

某年春末夏初,某女装品牌店铺上了第一拨夏装,20个SKU约2杆侧挂,总件数共60多件,每个SKU的S码、M码和L码基本上仅有一件。店长看到每款库存都是一手,无法确定哪些款式重点陈列。问题来了,一手码的新品要怎么陈列呢?

▼ 实战演练

第一拨新品提前上市且只上一手码,没有任何侧重点与主观倾向,你根本无从得知哪些款色是重点。卖掉任何一件衣服都会断码,一般情况下,这是不合理的,可公司为何要这样发货呢?原因有以下几个:

1. 入库量少——已经进入公司总仓的新品不多,无法给你发更多。

2. 以销定产——不确定哪些款会畅销,更不知道哪些款会滞销,不敢一下生产太多,看走眼的话,会积压很多库存。

3. 试销再补——第一拨新品并没有按计划全部投入生产,公司要看第一批试销店铺的反应,来决定哪些款要加单,哪些款要减单。

综上所述,公司将第一拨新品发到最好的一批店铺,目的是试销,根据试销结果来做下一步的下单决定,所以,一定要让新品更快更好地销售起来,陈列方法如下:

1.S码或L码出样

一手码的新款,在卖一件就断码的情况下,尽量不要最先卖M码,否则很快就会出现尺码缺口，对一款产品的深度试销（第二件）不利，所以，陈列出样和成交时，也尽量推选 S 码或 L 码，陈列得稀松点，如图 6-1-1。

图6-1-1　一手码新品出样时尽量稀松陈列

2. 勤换点挂和模特

试销的时间一般为 1~2 周，这两周内需要快速反应，陈列调整的频率就要非常高，1~2 天更换一次点挂都是正常情况，要在最短的时间内将某些畅销款的一手码卖完。

3. 橱窗陈列新品

仅有小部分顾客会提前购买新品，这其中包括店铺的老顾客和其他品牌的顾客，我们需要让"小部分顾客"中尽量多的人来购买新品，所以橱窗一定要出新品，有几个橱窗出几个橱窗的新品。

4. 陈列位置靠前

新品独立陈列在靠近门口的区域，优先考虑右前场位置，如图 6-1-2。

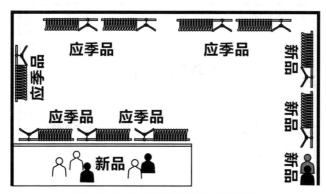

图6-1-2　右前场位置陈列一手码新品

5.陈列面积充足

在当季货品销量不受影响的情况下，尽量做大新品的陈列面积，如陈列量不足，可适当重复出样，或者找些基本款填充（如黑色裤子等）。

这样做的好处是：一是可以尽量多接待一些新品顾客；二是可以让自家新品比别人家卖得更好；三是可以给每个新款正面示人的机会；四是能让畅销款和滞销款早日显形，为公司节省时间成本。如果店长再带着员工研究新品搭配方式，并根据老顾客体形进行点对点的特别推荐，试销效果就会更快更好。

───── 陈列小妙招 ─────

一手码新品提前上市后，要独立陈列在橱窗和前场，保证一定量的陈列面积，同时做到勤换点挂和模特，点侧挂出样尽量将M码留到最后。

问题59·断码的货品要怎么陈列?

▼ 情景再现

某女装品牌店铺的店长将十多款断码的货品集中陈列到一杆中岛架上，有不少顾客进来就问："这是特价款吗？"员工说不是特价的，只是断码了，顾客说："都断码了还不特价。"员工无言以对。这样陈列有问题吗？

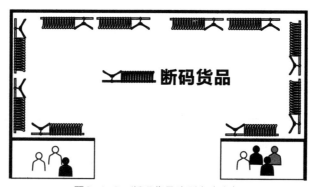

图6-1-3　断码货品陈列在中岛架

▼ 实战演练

目前市场上的"员工推荐型"品牌，一般是100平方米左右的店铺，无论是男装还是女装，陈列在中岛架上的，都会被很多顾客认为是差一些的货品，如旧款、打折款、特价款、过季款等等。案例中的店长将断码款集中，其色彩很可能是杂乱的，看起来产品价值感不高，顾客认为是特价款就很正常了。

断码的货品一般是畅销货品卖断码的，曾经经常出现在点挂上，倘若真的特价销售则非常可惜，因为畅销货品是不用特价的，特价和打折只用在滞销货品上，所以断码货品是需要处理的，方法如下：

1. 货品集中——集中调配到周转最快的几家店铺，快速卖完，将位置腾出来留给库存量充足的畅销与平销货品。

2. 限时杀款——某些断码货品曾经非常畅销，不愿意外调，店长可以将这几个款挂在离试衣间最近的点挂后面（如下图箭头位置），碰到尺码合适的顾客，推上去卖掉。这个方法仅针对个别款。

图6-1-4　将畅销的断码货品挂在试衣间附近的点挂后面

上面的处理方法，是针对那些断码断得只剩一个尺码的产品，还有一部分货品虽然断码，可它还有两个或三个码（含XL），此时调店就不太现实了，陈列就得这么做：

1. 不出点挂和模特

点挂和模特是试穿概率比较高的货品，不适合陈列断码产品。某些顾客看中的货品断码，会让其心生遗憾，而对其他产品没有兴趣。

2. 陈列在侧挂中

断码货品虽然断码，库存量可能并不小，还是要销售的，但陈列时又不能成为主角（点挂和模特），所以只能潜伏在侧挂中，直到再断一次码或者过季，如图 6-1-5。

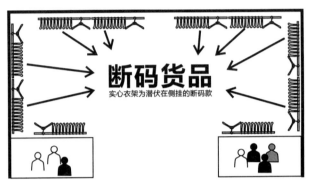

图6-1-5　断码货品潜伏在侧挂中

以上断码货品的陈列方式适用于"员工推荐型"品牌，而那种 1000 平方米左右的"顾客自选型"品牌则不一样。这种店铺如同一家服装超市，随时随地都在往卖场补货，货品一旦断码，既不方便顾客拿去试穿，也会给员工造成困扰，所以这类店铺的断码货品可短时间下架，调拨齐码再上架。那种仅剩一个码的畅销货品，则可以单独挂在收银台旁边，供埋单顾客买走。

陈列小妙招

断码货品多为畅销商品，从陈列的角度讲，剩一个尺码时要放在离试衣间或收银台较近的位置，快速杀款，剩两三个尺码时，则陈列在侧挂里，不出点挂和模特即可。

问题60·高价值产品如何陈列?

▼ 情景再现

某年冬天，一家专卖店内摆放着一杆半圆弧形中岛架，陈列了 30 多件皮衣，其中有 80% 的皮衣是黑色款。一位女性顾客随手翻出一件皮衣看了看，问员工："这是真皮的吗？"员工很诧异，说："我们店不卖假货。"该顾客最后没试穿就走了，是陈列的原因吗？

▼ 实战演练

皮衣在很多品牌当中属于高价值产品，顾客认为其是假货的原因有以下几个：

1. 陈列位置——在现阶段顾客群体看来，陈列在中岛架上的产品多是较差的产品，比如说打折、特价、过季等，顾客会觉得那是陈列便宜货的地方，而皮衣成本较高，如果是便宜货的话，很可能不是真皮产品。

2. 陈列数量——经常逛商场的人知道，价格越高的服装品牌，陈列件数越少越稀松；价格越便宜的品牌，陈列件数越多越密集，而 30 多件皮衣挤在一起，是很密集的，让人误以为是便宜货就很正常了。

高价值产品除了皮衣以外，还有皮草、礼服等产品，它们的陈列方式与店内的普通产品的陈列方式是有区别的，重点有以下三点：

1. 陈列在后场

高价值产品只有少量高质量的顾客消费，这类顾客是需要慢慢服务的，他们也喜欢在安静的环境中试穿高价值产品，所以这类产品一般陈列在后场离试衣间不远的地方，这样也就不需要用铁链绑起来防盗了，如图 6-1-6。

图6-1-6　高价值产品陈列在后场

2. 少量陈列

物以稀为贵,高价值产品陈列在侧挂中时,陈列件数要比普通产品少很多,衣服与衣服之间的间距也要大很多, 数量控制在普通侧挂的30%以内,如图6-1-7 的皮草背心数量就很少。

图6-1-7 高价值产品陈列数量少

3. 货架要够高

部分品牌的侧挂离地高度仅150厘米,有些中岛才120厘米,这样的高度陈列高价值产品是不太合适的。货架过低太亲民,显示不出高价值感,有时候需要调高某些货架的高度,用来陈列高价值产品,例如某些少女品牌调高货架陈列高价小礼服,如图 6-1-8 右边。

图6-1-8 用高货架陈列高价值产品

　　有一点要注意，调高货架的原因，不仅仅是因为礼服太长，主要原因是价格较高，需要陈列出较高的价值感，更利于销售给高质量顾客。另外还有一点，每家店铺的高价值产品不能太多，太多的话，价值感就下降了。

────────（陈列小妙招）────────

　　高价值产品陈列时，一要陈列在后场，二要陈列得稀松，三要陈列在高货架上。总之，要凸显其高价值，和它的高价格相匹配。

橱窗特殊情况应对

问题61·如何布置橱窗节日氛围?

▼ 情景再现

某年 12 月下旬,某品牌所在的商场要求布置新年氛围,声称 1 周后派人检查,没有布置的品牌将被罚款。在公司没有新年氛围布置计划的情况下,店长购买了一些喜庆的新年挂饰,包括中国结、红灯笼、红鞭炮等,分别布置在橱窗、侧挂上方、流水台、收银台、饰品层板区等位置,通过了商场检查。

▼ 实战演练

上面这个案例在早些年较为常见,商场管理人员接到任务,自然会将任务布置到每个商家(品牌)。商家接到要求,大部分情况下只能配合,至于说要布置成什么样子,大部分商场是没有标准的,对于品牌店铺来说,有以下几个原则标准:

1. 节日氛围布置要与品牌形象相符——不能乱布置,要和品牌对外的形象相吻合,比如说你的品牌强调设计感与个性,你就不能随便买些圣诞树放在橱窗里,那样太大众化,与你的品牌调性不符。

2. 节日氛围布置要与主力客群匹配——节日氛围布置要考虑这家店铺的主力顾客群,比如高质量的顾客较多,你就不能把店铺布置得很热闹很繁杂,主力顾客质量偏低,你就不能把店铺布置得很高冷。

3. 节日氛围布置最好与产品相结合——节日氛围布置不仅是为了好看,最好还能配合产品销售,比如说某些品牌的新年喜庆系列,可作为主力产品来强化陈列，这就是过年时大红色销售好的重要原因。

盲目追求节日氛围，而忽略品牌定位和产品定位的情况，对店铺来说有较大的负面影响，这些负面影响在短时间内并不容易被发现，原因是顾客并没有告诉你他的如下心理活动：

1. "怎么把店铺弄得这么难看啊？看来这个品牌也就这样。"

2. "怎么搞成这样？一点个性都没有，我怎么会买他家的产品这么久？"

3. "怎么变成这样了？完全不是我的风格啊！"

这些负面信息在顾客心里慢慢积淀，久而久之，就会导致某些顾客弃品牌而去，这就是陈列必须考虑顾客心理的一个重要原因。

所以，逢年过节时，节日氛围布置可以遵循两个思路：一是仅布置橱窗氛围，二是橱窗与店内同时布置。

仅布置橱窗氛围： 品牌定位较高时，顾客质量高，人数相对较少，不适合大面积布置，简洁大气点到即止，橱窗里有节日元素即可。

布置店内氛围： 品牌定位偏中低时，产品价格比较大众或亲民，顾客群体基数较大，可以布置得热闹一些，如图6-2-1。

图6-2-1　店内节日氛围布置

每逢重大节日，难免会有商场提出布置节日氛围的要求，陈列师或店长的工作要提前做，看看公司是否有这方面的安排，尽量不要买市场上的现成道具。

───────── 陈列小妙招 ─────────

节日氛围布置要考虑品牌定位和主力客群，较高端的品牌在橱窗点到即可，大众品牌则可以结合产品在店铺进行大面积布置。

问题62·商场的DP点如何陈列?

▼ 情景再现

　　某女装品牌的一位店长发现商场手扶电梯上来的位置有一组竞争品牌的模特,她觉得在这个位置做陈列对销售业绩会有帮助,就向商场申请了这个DP点,商场方面同意了。店长在拿到这个DP点之后,从店铺抽出了两个模特,搭配好之后摆在那里。半个月之后,店铺业绩好像没什么变化,店长在想,DP点难道没用吗?还是DP点的陈列出了问题呢?

▼ 实战演练

　　案例中的店长,只是简单地移了两个模特过去,显然对DP点的作用和陈列方法不甚了解。DP点的作用是引导顾客到店购买,要想达到较好的引导效果,陈列时必须包含以下内容:

1.陈列道具——用于引起行人注意

　　当人们经过手扶电梯或中区时,如果被一组漂亮的陈列道具吸引住目光,进而就会对这组DP点中的服装产生兴趣。

图6-2-2　某商场DP点陈列的道具

2.服装模特——引起客群对产品的兴趣

　　模特与点挂都有让顾客看了之后想去试穿的作用,DP点的模特自然也有此作用。

3. 品牌LOGO——指引顾客找服装所在地（店铺）

当顾客对模特着装产生试穿兴趣时，他接下来想知道的就是去哪儿试穿这件衣服，品牌LOGO就可以让他知道去哪家店铺找这件衣服。

图6-2-3　某商场DP点陈列的品牌LOGO

再回头看看案例中的店长，她只准备了第二项（服装模特），此时就算顾客喜欢衣服，也不知道去哪家店铺试穿，毕竟翻吊牌看品牌LOGO的顾客还是极少的，再加上DP点做得很普通（没有陈列道具引人注目），很容易被路过的顾客忽略。

那么，针对商场给的DP点，商家可以提前做这些工作：

1. 向公司寻求设计支持——第一时间将DP点位置拍照（可能此时这个位置还是别的品牌的DP展示），各个方向都要拍，并且量好地面的使用尺寸，向公司的相关人员寻求设计支持。

2. 根据效果图与商场沟通——在拿到公司设计的效果图之后，与商场沟通并达成一致。

3. 确认最终布置效果——与商场和公司确认最终效果，并给公司留出半个月左右的道具制作与配发时间。

4. 现场布置与修改确认——收到相关道具后，按效果图布置好，请拍照回传给设计人员确认与修改。

站在顾客的角度来看，看到漂亮的DP展示，也是希望能够找到品牌店铺的。我曾在深圳一家商场看到过一个很吸引人的 DP 点，很想知道是哪个品牌，但在周围找了一圈，也没有找到，因为 DP 点没有品牌 LOGO，同时从各品牌的橱窗里也没有看到 DP 点的商品，直到一年后看到某个品牌的陈列手册才知道。DP 点没有放品牌 LOGO，也许错过了一些销售机会都不知道，非常可惜。

陈列小妙招

对于商场给的 DP 点，商家要在把控好时间的基础上，寻求设计支持，做到陈列道具、服装模特和品牌 LOGO 齐全，引导顾客到店购买，为业绩提供一个增长点。

问题63·专卖店橱窗衣服容易晒坏怎么办?

▼ 情景再现

某城市服装品牌专卖店一条街开满了各种各样的男女装品牌店铺，各店铺的橱窗陈列大多非常漂亮，然而一到夏天，很多品牌的橱窗就被帘子遮挡了起来，一个个如同含羞的少女，你看不到帘子背后的衣服是什么样的，如图 6-2-4。

图6-2-4　被帘子遮挡的店铺橱窗

作为当事人的店长们当然知道这是怎么回事儿，夏天气温高达35℃以上，阳光透过橱窗玻璃，能在一天的时间内将模特身上穿着的衣服烤坏，换多少烤坏多少。店长们不得已才将橱窗遮盖起来，有几个橱窗就遮盖几个橱窗，仅留个门让顾客入店，如图6-2-5。

图6-2-5　夏季某店铺正面

我们知道，橱窗的作用是吸引目标客群进店，对商品销售有促进作用，这样将橱窗完全遮盖起来，虽然避免了衣服被晒坏，但橱窗的作用完全丧失了，怎么办？只能如此吗？

要解决这个问题，其实也很简单，我们只需要看看那些比我国服装品牌发展早的欧洲服装品牌，就知道应如何解决这个问题了，相信他们的服装专卖店也经历过被太阳曝晒的时候，他们是如何解决的呢？答案就是——遮阳篷。

如果你去过欧洲的几个时尚之都，会看到很多的服装橱窗，印有LOGO的橱窗遮阳篷比比皆是，被人们称为"欧洲风情"之一。

橱窗遮阳篷有很多好处，分别是：

1. 遮阳作用——有了橱窗遮阳篷之后，可以避免橱窗衣服被晒坏，更不需要用帘子将整个橱窗遮盖，避免丧失橱窗的功能性和美观性。

2. 美观作用——有了橱窗遮阳篷之后，可让橱窗的"风景"任何时候都对路人"开放"，有助于保持橱窗的美观性，增加或保持店铺的客流量。

3. 延伸作用——有了橱窗遮阳篷之后，对于路人来说，晴天可遮阳，雨天可避雨，可促使客流增加，就可能带动部分顾客进店，对店铺的客流量是非常有好处的。

图6-2-6　橱窗遮阳篷

图6-2-7　橱窗遮阳篷

所以，橱窗衣服被晒坏过的服装品牌专卖店，完全可以将帘子更换成遮阳篷。安装遮阳篷之前需要考虑以下因素：

1.色彩——提前设计好遮阳篷的颜色，一般选用品牌的主色之一，如CHANEL的遮阳篷多是白色，LV的多是米色。

2.LOGO——遮阳篷位于橱窗的正上方，常常被拍照，品牌LOGO少不了。

3.尺寸——遮阳篷是仅仅遮橱窗，还是连门头一起遮，尺寸是不一样的。

还有一种情况，如果是几层楼的专卖店，二楼及以上楼层设有橱窗的，是否也要安装遮阳篷呢？不用安装，甚至二楼及以上楼层根本不需要设有橱窗和模特，因为看不清，没有意义，还不如用LOGO或其他表现形式。

陈列小妙招

国内服装品牌发展至今，专卖店很多，被太阳晒坏衣服的现象大量存在，解决办法只有一个，那就是安装橱窗遮阳篷。

| 第三节 |
特殊气温情况应对

问题64·天气突然转冷，货品偏薄怎么办?

▼ **情景再现**

　　某年 10 月中旬，当地的气温由上周的 16℃~22℃急剧下降到 6℃~12℃。某品牌商场店铺冬装第二拨还未到货，第一拨陈列面积占 20%，并且冬装大件产品（厚重款）仅 A 款、B 款、C 款和 D 款 4 个 SKU，店铺货品看起来非常单薄，如图 6-3-1，实心加大加粗衣架为冬装厚重款。

图6-3-1　冬款陈列情况

　　部分竞争品牌冬装已上两拨，销售业绩也要好很多，店长不停向公司催货，可新品还是迟迟未到。请问此时要怎么办？只能等新品吗？

▼ 实战演练

面对这种情况,如果只是一味地等新品到来,会导致第二拨新品上市之前,销售业绩大幅落后于竞争品牌,因而必须要有所改变。在改变之前,我们必须搞清楚两个问题:

1. 大量顾客买冬装不买秋装的原因。气温快速下降可能是临时的,说不定过几天温度会回升,但为什么大量顾客不愿意再买秋装,而是要买冬装?

2. 已有一拨冬装上架仍然业绩差的原因。店铺已经有一拨冬装在店,是可以满足顾客想买冬装的意愿的,为什么业绩还是很差呢?

第一个问题的答案是:大部分顾客会为"马上能穿"和"下月能穿"的衣服埋单,当时温度降到了 10℃ 以下,人体感觉已经是冬季,且正值 10 月中旬,冬装满足"马上能穿"和"下月能穿"两个购买条件,秋装基本已经部分或完全丧失了这两个购买条件,这就是大量顾客想买冬装不愿买秋装的根本原因。

第二个问题的答案是:想买冬装的顾客,大部分会进入"看起来冬装很多"的店铺选购,这样会有很多选择性。案例中的店铺,虽然有 20% 的冬装,但"看起来很少",导致想买冬装的大部分顾客根本没有进店,这就是业绩差的根本原因。

要解决冬装很少导致业绩差的问题,陈列上就要让冬装"看起来很多",办法就是重复出样,强化冬装陈列面积。在冬装 SKU 只占 20%,大件产品仅 4 款的情况下,我们可以这样做:

陈列面积强化:冬一拨新品重复出样,将 20% 的陈列面积扩大到 50% 左右,如图 6-3-2。

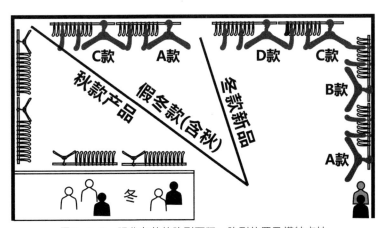

图6-3-2 强化冬款的陈列面积、陈列位置及模特点挂

陈列位置强化：50% 左右的冬装陈列在"店外可见"的位置（如敞开的前场）。

模特点挂强化：4 款大件产品全部出点挂，并且可以再全部出模特。

如图 6-3-2 所示陈列后，秋装陈列被橱窗挡住，在店外看不见，想买冬装的顾客站在门外，会以为全店都是冬装，这自然会大大提升冬装顾客的进店率和成交率，这就是"看起来很多"的陈列效果产生的销售作用。

有些人会问，如果顾客发现了重复出样陈列怎么办？这是没有问题的，难道顾客发现重复出样就会马上从店铺离开吗？难道他们会转头去那些看起来冬装很少的店铺吗？你以为每个竞争品牌都是上新很快、没有重复出样吗？销售好的时候，听几句顾客的抱怨怕什么呢？

────────── 陈列小妙招 ──────────

商品上市时间是提前计划好的，很少在计划好的时间基础上提前上货，可降温却是说来就来，这就需要店长和陈列师灵活应变，最大限度地满足顾客的购买条件，确保销售业绩不下滑。

问题65·天气突然变热，货品偏厚怎么办?

▼ 情景再现

春季中段，某女装品牌店铺内陈列着冬、春两季货品，陈列面积接近，其中冬季货品正在打折销售，陈列分布如图 6-3-3。气温突然从 15℃急剧上升到 22℃，天气热了起来，陆陆续续有顾客穿着短袖进入商场，少量已上夏装的竞争品牌销售得不错。由于该店铺夏装未到店，每日销售几乎处于停滞状态，不开单的现象也经常出现。

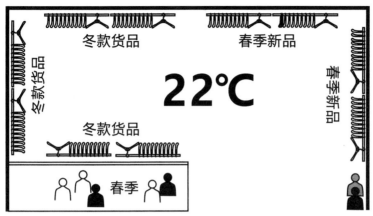

图6-3-3 冬装和春装陈列分布

部分老顾客闲逛进店，说得最多的话是："你们的夏装还没上呀？这些衣服一看就热，谁还会买呀？"

正如顾客所言，店内的货品整体偏厚，基本丧失了"马上能穿"和"下月能穿"的购买条件。店长心急如焚，天天打电话向公司催货，公司也很无奈，该城市穿短袖的时间足足比去年提前了一个月，夏装新品大部分还未入库，已入库的新品已经分给了南方店铺。员工们觉得没上新品现在的销售情况很正常，有气无力地招呼着顾客，请问应该怎么办？

▼ 实战演练

正所谓计划没有变化快，提前一个月升温的情况其实是很常见的，这就是某些服装人所说的"今年春季特别短"的原因所在。坐以待毙是不能解决问题的，此时要快速改变卖场的货品结构，将店铺的春装与冬装变成"伪夏装"和"伪秋装"，方法如下：

1."伪夏装"——将春装当中的短袖、中袖、极薄外搭、短裤和中裤等从仓库中全部搬出来重复出样，按照上装、下装和外套的结构，重新组合成2~3组货品，并且将陈列间距放大，就像夏装一样，我称之为"伪夏装"。

2."伪秋装"——将冬装当中的羽绒服、大衣、羊毛、高领、毛领等从侧挂中抽掉，降低冬装的厚重感，变成像秋装一样，我称之为"伪秋装"。

货品结构重组之后，店铺内就有"伪夏装"、春装和"伪秋装"三季货品，在陈列规划时，将"伪夏装"的陈列面积放大到极限，并以夏天的搭配方式来出样模特和点挂，同时将"伪夏装"的陈列位置推到前面，如图6-3-4。

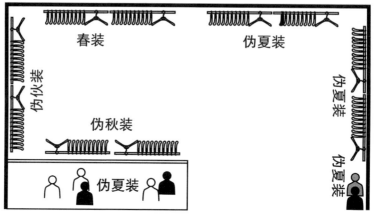

图6-3-4 "伪夏装"、春装和"伪秋装"陈列分布

做完这些陈列工作，退到门口重新审视整个店铺，你会发现夏装看起来很多，几乎铺满了大半个店铺，夏天的气息扑面而来，心情必然一片大好，销售业绩自然会升上来。

有些人可能会说，如果一周后温度又降下去了怎么办呢？没关系，"伪夏装"还是很容易变成春装的，至于变不变、变多少，就得看情况了。

—————— 陈列小妙招 ——————

天气变化太快谁也无法预料，春江水暖鸭先知，店长和陈列师长期工作在第一线，是最快感受到风云变化的人。气温变化之后，顾客的购买需求也会产生变化，货品陈列的结构也就要随之做出调整，以万变应万变，才不会错过每一拨销售机会。

问题66·冬天气温较高如何应对?

▼ 情景再现

某年冬天,某女装品牌全国各地的羽绒服等冬装销售得如火如荼,华南的某家店铺的羽绒服销售却不理想。当地温度为18℃左右,外面几乎看不到穿羽绒服的路人,穿薄外套的人倒是随处可见。店长将羽绒服重点陈列,销量依然不上升,怎么办?

▼ 实战演练

这种情况非常特殊,特殊之处在哪里呢?我们前面说过,大部分顾客会为了一类产品埋单,那就要同时满足"现在能穿"和"下月能穿"的条件,而店铺往往陈列着好几类产品:

第一类:两全其美。 有些应季产品,现在购买,立刻可以穿,并且还能穿1~2个月,同时满足两个购买条件,这就属于两全其美的产品,这类产品一般处在季中。

第二类:只有现在。 有些产品虽然应季,却处在该季节的末尾,很快就要过季了,现在能穿,下个月就不能穿了,只有现在,没有未来,这类产品一般处在季末。

第三类:只有未来。 有些产品提前上货,现在穿不了,但一个月后是可以穿的,没有现在,却有未来,这类产品一般处在季初。

华南城市18℃的冬天,气温和春秋季差不多,羽绒服作为冬天的御寒服,现在不能穿,接下来的温度会不会降到10℃以下?什么时候会降?会维持多少天?这些我们都无从得知,去年的温度已经没有太大的参考价值了。

说白了,此时此刻,羽绒服在这家店铺是"现在不能穿+不知道以后能不能穿"的产品,很少有顾客会为这类产品埋单,就算要买,等降温了再买也不迟。这就是此事的特殊之处,也是该店铺羽绒服卖不动的根本原因。

做零售也讲究顺势而为,不符合大部分顾客购买心理的商品,重点陈列也是浪费空间,不如从顾客愿意购买的产品入手。18℃的冬天,什么产品是女性顾客愿意购买的呢?一来我们可以从该城市多家店铺的"品类销售排行榜"中找销量前三名，二来可以在核心客群出入场所拍照统计。基本不外乎以下几种：

1. 外套类：大衣、针织开衫、单西、风衣等轻型外衣。
2. 上衣类：毛衫、连衣裙、卫衣等中等厚度的产品。
3. 下装类：长裤、长裙等下装产品。

仔细分析不难发现，外套、上衣和下装这三类产品中，排名靠前的品类，全都满足"现在能穿"这一核心购买条件，除少量外套（如风衣）具有不确定性以外，也都满足第二个核心购买条件——"下月能穿"。这样，陈列的重点就一目了然了，如图6-3-5。

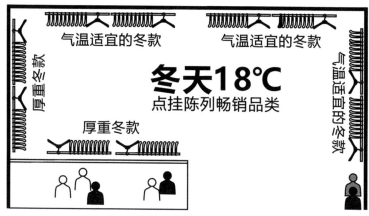

图6-3-5　畅销品类和适宜的冬款重点陈列

点挂和模特出样以毛衣和连衣裙等畅销品类为主，一旦气温下降较大，在部分毛衣和连衣裙点挂的外面搭配羽绒外套即可。

主力销售区（畅销区）货架上的货品结构，仍然以适宜当下穿着的畅销品类为主，避免掺入较多滞销品类，否则会降低货架的竞争力。

羽绒服可陈列在新品区（含橱窗背后），陈列面积不宜过大，橱窗仍然可以出现羽绒服，但点到为止。随时关注手机上的天气预报，一旦气温下降到10℃左右，羽绒服马上可以作为陈列重点。

陈列小妙招

店铺陈列要顺势而为，实际温度与季节不符，按实际温度来陈列，不可逆势主推厚重款，这会导致能卖的没卖，不能卖的卖不掉，总体销售业绩受损。

如何成为一名优秀的陈列师？

这几年留意到一个有意思的现象，某些用人单位反馈，市场上优秀的陈列师太少。某些陈列师也很困惑，说自己也想成为优秀的陈列师，却不知道怎样才算优秀，也不知道如何才能让自己变得更优秀。

每个人对优秀的定义是不同的。陈列师作为服装行业的劳动者，为用人单位（服装企业）创造价值（利润）从而获取劳动报酬（工资），是他们的权利和义务。服装企业普遍认为"创造价值较大"的员工比较优秀。无论你认同还是不认同，至少有一点是可以肯定的——优秀的陈列师一定能够为企业创造价值。

我们前面说过，陈列工作创造利润的三个点分别是：

1. 销售业绩——通过陈列使销售量实现最大化，重点是主力销售区、点挂和模特。

2. 售罄率——把控陈列面积与陈列位置，平衡销量与库存，做到库存最小化。

3. 平均折扣——把握店铺和产品的价值感，保证客流质量，提升平均销售折扣。

这三个点都是通过频繁的店铺陈列调整来实现的，然而陈列师的数量、精力、工作效率等客观情况决定了这三点实现起来有较高的难度，如何才能在所有店铺当中实现这三个利润点呢？这就要靠陈列师的工作效率了，也就是单店陈列调整的时间与结果。

时间和结果，两者往往是矛盾的，要想结果好，就要投入更多的时间，时间花得少，结果往往不理想。比如说，某些陈列师远程指挥店长调陈列，就很难在销售业绩、售罄率和平均折扣方面有较好的结果。

那么这两者之间有没有一个平衡点呢？如何用最少的时间达到最好的效果？这就不得不说陈列师的陈列流程了，要保证结果，必然少不了数据分析这一步。不管是男装、女装、儿童装、休闲装还是运动装，其陈列流程都可以是这样的，如图1。（备注：部分品牌店铺的"流水台"可变更为"中场"。）

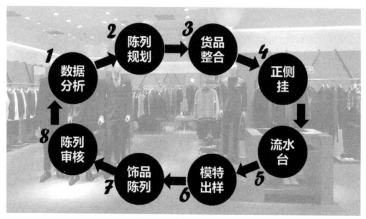

图1　店铺陈列流程

第1~3步确保店铺陈列的大方向没有问题，第4~7步则是参考店铺陈列手册或样版店铺的陈列照片，照着做即可，而第8步是检查与验收，确保员工的重点陈列（如点挂）不走样。

再说陈列时间，要想高效，就必须在把握好大方向的基础上，将重复性的基础工作分配给店铺员工，也就是减少整个陈列流程中自己的工作量。那么，哪些工作是可分配给店员来做的呢？如图2。

陈列师或店长需要花的时间，主要在数据分析、陈列规划和货品整合上，100平方米左右的店铺，第1~3步工作1小时足够了，后面的陈列审核工作就变得很简单，可以当场检查，也可以照片跟进。这样，一家100平方米店铺的陈列时间，约用2小时。每天工作8小时的陈列师，从理论上讲，一天可以调整 4~8 家店铺的陈列。考虑到店与店之间的交通时间，陈列师一天的平均陈列调整数量在 2~4 家。

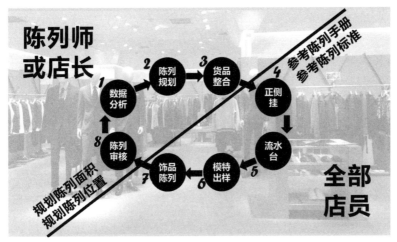

图2　陈列流程人员分工

在数据导向的基础上，用半小时到 1 小时做好陈列面积、陈列位置的规划与整合，再确保点挂模特不出错，陈列师的核心工作就完成了。不同的店铺，又会有不同的规划与整合，久而久之，陈列师的经验就会越来越丰富，创造的价值就会越来越大。

俗话说，将军是打出来的，骏马是跑出来的，经验和能力也是在经年累月的实战中积累出来的。陈列师的战场不在办公室，而在终端店铺里。